社会課題を克服する
未来のまちづくり

スーパーシティ

片山さつき
前 内閣府特命担当大臣

学校法人 先端教育機構
事業構想大学院大学出版部

はじめに　いま、日本に求められる「スーパーシティ」

私は２０１８年の秋から２０１９年の秋まで、内閣府特命担当大臣として、地方創生、まち・ひと・しごと創生、規制改革、男女共同参画、女性活躍、ＰＰＰ・ＰＦＩ、都市再生、公文書管理などの分野を担当してきました。なかでも、地方創生分野においては、現在までにほぼすべての自治体が地方版の総合戦略を策定し、自らの問題として地方創生に取り組み始めています。

地方創生は、２０６０年に1億人程度の人口を維持する、という中長期展望からスタートしました。日本人は真面目で優秀な反面、喉元過ぎれば熱さを忘れ、火が対岸にあるうちは手を打たない傾向があります。対岸にある人口減少問題を見据え、先んじて手を打ったという意味で、地方創生は画期的な取り組みです。

しかし、２０６０年、仮に1億人が維持できたとしても、日本の人口は現在の5分の4に減ることになります。公的サービスだけでなく、先進国の日本で当たり前に供給されている多種多様なサービス、特にエッセンシャル・サービスをその人口構造で維持できるのか？　という究極の課題に、私たちはいま直面しています。

こうした危機意識を背景に、私はかねてから、ＩＣＴ（情報通信技術）、ＡＩ（人工知能）、ビッグデータ、ロボティクス等を活用して最先端都市を目指す〈未来都市構想〉をあたためてきました。


第四次安倍改造内閣で内閣府特命担当大臣を拝命してすぐに、安倍総理から、アベノミクスの中心である岩盤規制の打破、そのための規制改革と国家戦略特区の取り組みがやや踊り場状態にあるいま、次元の違う政策をというご指示があり、自分のなかの未来都市構想と結びついたのです。

官邸では以前から、「未来投資会議」で竹中平蔵先生が「スーパーシティ」を唱えておられました。単なる「未来都市」ではわからないし、「スマートシティ」は長年使われている言葉で、単なる「省エネシティ」まで含まれてしまいます。そこで「スーパーシティ」と呼んで差別化することになったわけです。

都市のデジタル化や先端技術の導入に関しては、これまでもスマートシティや近未来技

ダボス会議に出席する著者。元英国首相のトニー・ブレア氏と

術実証特区などの取り組みが行われてきました。しかしそれは、エネルギー・交通といった個別の分野や技術の実証にとどまっています。

スーパーシティは、それらとは次元が異なる考えです。都市での生活全般にわたって最先端の技術を実装し、まちを「丸ごと未来都市」にすることこそが〈スーパーシティ構想〉の本質です。最先端技術の実証ではなく、人々の暮らしに実装し、住民目線で未来社会を前倒しで実現することが、この構想の目指すところです。

日本は課題先進国であり、長年にわたる若年労働人口の減少によって、構造的な人材不足が長期間続きます。これは、先進国とＢＲＩＣｓ諸国のなかで日本だけの現象です。逆に言うと、日本は若年労働者のための雇用を創出し続ける必要がなく、ＡＩによる仕事の代替が進めやすいとも考えられます。ＡＩを思い切って使えるという意味では、日本は非常に有利といえるのではないでしょうか。

２０１９年1月、ダボス会議に参加し、世界のＩＴ企業や通信会社のトップとお話しする機会がありました。そのとき聞かれたのは、〈スーパーシティ構想〉で描く未来像は将来間違いなく実現するものだが、一番のハードルは「規制」であるという意見でした。日本は国家戦略特区制度によって、迅速に規制緩和を進めるノウハウを蓄積してきました。また、政府として強力に地方分権を推進しており、これまでにも地方公共団体等からの提案をふまえ、地方に対する権限移譲、規制緩和を進めています。大胆な規制緩和を進めれば、世界に先行してスーパーシティを実現することも夢ではありません。

世界全体で社会や都市のあり方が問い直されているいま、そこで暮らす住民の目線に立ったスーパーシティを実現させることが、求められています。

令和2年6月
片山さつき

社会課題を克服する
未来のまちづくり
スーパーシティ

contents

図解：スーパーシティとは

特区制度を活用した大胆な規制改革のうえで、「データ連携基盤」により多種多様なデータを連携させて複数分野にまたがるデジタルサービスを実装。

従来とは次元の異なる「未来都市」。

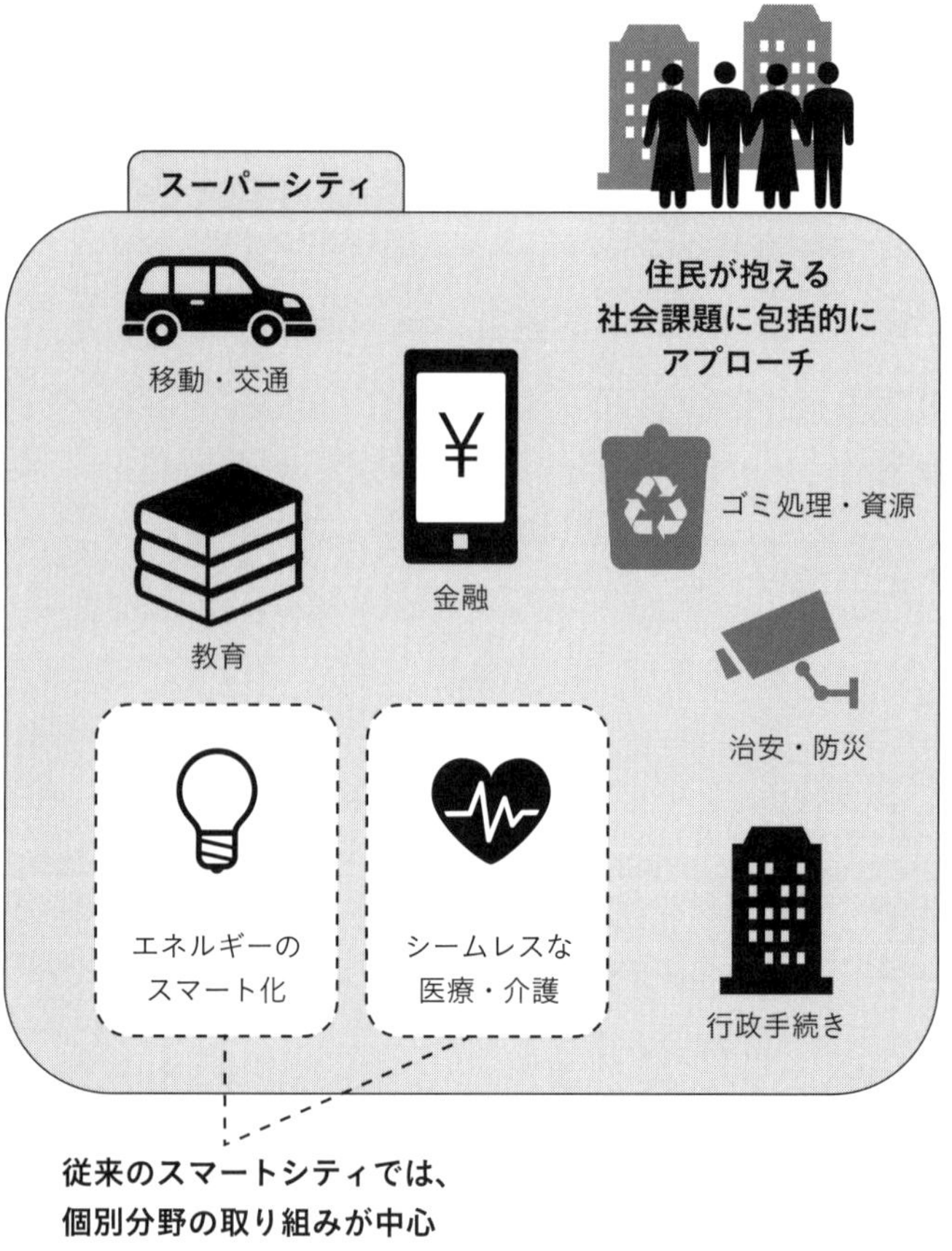

第 1 章

未来都市の理想形 スーパーシティ

生活全般にわたり最先端の技術を活用し、未来社会の生活を実現する「スーパーシティ」。地方創生の切り札ともいえるスーパーシティ構想が目指す都市の姿とは。

1 「スーパーシティ」とは何か

「まるごと未来都市」を実現する

いま、世界では「第四次産業革命」が進行しています。

第一次産業革命では水力や蒸気機関が、そして第二次産業革命では電力がその大きな推進力となり、機械化・大量生産が進みました。１９７０年代から始まった第三次産業革命では、電子工学や情報通信技術の活用により一層の自動化が進みました。

第四次産業革命を牽引するのは、ビッグデータやＩｏＴ（モノのインターネット）、ＡＩ（人工知能）、ロボットといった技術であり、これらにより新たなサービスやビジネス・産業分野がすでに生まれています。

この第四次産業革命が成し遂げられた後の世界で、人々が住みたいと思うまち・社会はどのような姿をしているのでしょうか。すでに世界では、ＡＩやビッグデータといった第四次産業革命のコア技術を用いて、社会のあり方を根底から変えるような都市設計を進める動きが急速に進展しています。都市を一からつくる取り組み、既存の都市をつくりかえる取り組みの双方が進んでいますが、実際に「未来都市」が実現した例はまだありません。

人口減少局面を迎えているわが国でも、公共・民間サービスを維持するために、都市、そして住民の暮らしにこれらの技術を実装していくことは必須であり、革命的な暮らしやすさを実現する最先端都市・スーパーシティの実現を目指して政府は検討を進めてきました。

スーパーシティは、最先端の技術を、「実証」ではなく実際の暮らしに「実装」させる取り組みですから、簡単なものでないことは承知しています。

この取り組みを着実に進めていくためには、まずは、それぞれの地域で解決を目指す課題を明確にすることが重要です。基本構想の立案時点で、解決すべき社会的課題は何かを明らかにし、それを広く住民と共有しておかなくてはなりません。そのうえで、実際に各事業を進めていけば、詳細な内容や実現の時期に変更が生じることももちろんあるでしょう。しかし、まずは地域がいまの課題を把握し、将来のあるべき姿を描いて意欲ある提案を行うことが重要です。

そして、その実現に向けて住民、そして関係者間の共感を高めていくことも大切なことであり、行政側も構想を十分にサポートしていく必要があります。

これらのステップを確実に踏んでいくことで、スーパーシティを夢物語ではなく、現実のものとして実現させることができると考えています。

「スマートシティ」との違い

スーパーシティは、さまざまな最先端技術を実装した都市です。ＩＣＴ（情報通信技術）を活用して都市のスマート化を目指すという意味では、「スマートシティ」と目指す方向性は同じです。

しかし、現状、スマートシティに関する取り組みの多くがエネルギーや交通など、個別の分野に特化した技術の実証実験にとどまっており、ともすると供給者目線、技術者目線のものになりがちです。

その点、スーパーシティは、①移動や②物流、③支払い（金融）、④行政、⑤医療・介護、⑥教育、⑦エネルギー・水、⑧環境・ゴミ処理、⑨防犯、⑩防災・安全、⑪最近急浮

図 1-1　スーパーシティ構想の具体像

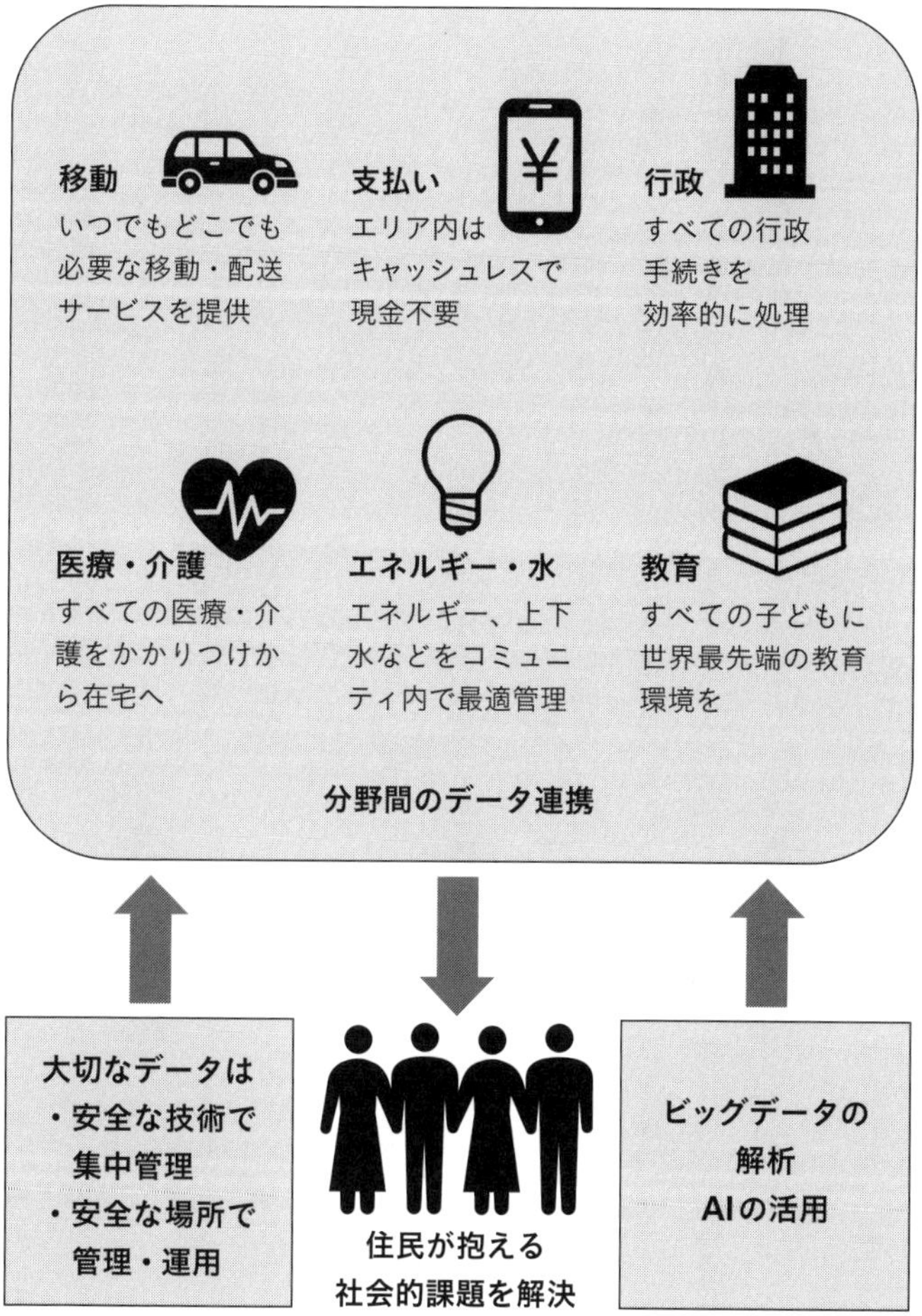
移動
いつでもどこでも
必要な移動・配送
サービスを提供
支払い
エリア内は
キャッシュレスで
現金不要
¥
行政
すべての行政
手続きを
効率的に処理
医療・介護
すべての医療・介
護をかかりつけか
ら在宅へ
エネルギー・水
エネルギー、上下
水などをコミュニ
ティ内で最適管理
教育
すべての子どもに
世界最先端の教育
環境を
分野間のデータ連携
大切なデータは
・安全な技術で
集中管理
・安全な場所で
管理・運用
住民が抱える
社会的課題を解決
ビッグデータの
解析
AIの活用

上した感染症対策まで含めて、都市にかかわるさまざまな領域（少なくとも5領域以上）を広くカバーし、そのまちで暮らす住民の目線に立った先端的なサービスを、暮らしに実装させたかたちで提供することを目指します（図1-1）。

複数の分野にまたがる先進的なサービスを実現するためには、重要データを安全かつ集中的に管理・運用するデータ連携基盤が必要であり、また、これまでにない新たなサービスを実現させるためには大胆な規制改革も必要です。

AIやビッグデータを活用して社会のあり方を根本から変えるような都市設計の動きは国際的にも進んでおり、次世代のまちづくりに関する市場も急速に広がりつつあります（第2章参照）。

〈スーパーシティ構想〉では、第四次産業革命後の世界で実現されるべき、よりよい未来の社会・生活を包括的に、世界に先行して実現することを目指しています。〈スーパーシティ構想〉はさまざまな分野の規制改革を一体的に行うことで、2030年頃に実現される〝未来の生活〟を前倒しして進めるための取り組みなのです。

スーパーシティで実装が期待される技術

スーパーシティでは、さまざまな先端技術の実装が期待されます。

政府として特定の技術を〝最先端技術〟として定義・選定することはありませんが、「成長戦略実行計画」ではAI、IoT、ロボット、ビッグデータ、ブロックチェーン（分散型台帳技術）など、第四次産業革命のデジタル技術とデータ活用の促進が掲げられています。

高齢化や人口減少、それに伴う人材不足などの問題が顕在化するなか、AIなどのデジタル技術やビッグデータを国民の共有財産として、社会課題の解決に資するビジネスに活用できるようにすることで、イノベーションを牽引する多様なプレーヤーを生み出すことは、待ったなしの課題でもあります。

そしてそのためには、優れた要素技術に関する研究開発を進めることはもとより、その成果をいち早く社会に実装し、住民目線で役に立つ技術に磨き上げていくことが重要です。

住民の暮らしに最先端技術を実装することを目指すスーパーシティ構想は、「成長戦略実行計画」を進めるうえでも、非常に重要な取り組みといえます。

なお、それぞれのエリアにおけるスーパーシティ構想の骨格となる技術については、エリアの選定後に設置される区域会議で策定される基本構想のなかで決定されることになります。基本構想の策定にあたっては、自治体や事業者、そして住民の皆さんなどとともに、政府・内閣府も積極的に取り組んでいく、というハイブリッド方式になっているのもユニークです。それぞれの地域の状況や課題をふまえ、大胆な規制改革を必要とするような、先進的な技術の実装に関する提案が出てくることを心から期待しております。

2 スーパーシティを支える「技術」と「データ」

AIとビッグデータの活用

スーパーシティを支えるのは、第四次産業革命のコア技術である「AI」と「ビッグデータ」です。

前述のとおり、政府が令和元（2019）年6月21日に閣議決定した「成長戦略実行計画」は、AI、IoT、ロボット、ビッグデータ、ブロックチェーンなど、第四次産業革命におけるデジタル技術とデータの活用を促進することをその考え方の基礎にしています。スーパーシティ構想の実現に向けた法制度についても、その文脈のなかに位置づけられています。

「人」を中心に据えたAIの活用

AIやビッグデータの活用については、データを独占する一部の者が社会を支配するという「デジタル専制主義」や、AIの「暴走」といった懸念の声も聞かれます。

しかし、スーパーシティにおいてデータは国民の共有財産として扱われます。さまざまな社会課題の解決やイノベーションを生むために活用されるもので、短期的な利益第一主義では対応できない、新たなモデルを世界に提示するためのデータ活用のあり方を目指しています。

また、政府では令和元年3月に「人間中心のAI社会原則」をとりまとめ、その基本理念に①人間の尊厳が尊重される社会（Dignity）、②多様な背景を持つ人々が多様な幸せ

表 1-1　「人間中心のＡＩ社会原則」の骨子

基本理念	①人間の尊厳が尊重される社会（Dignity） ②多様な背景を持つ人々が多様な幸せを追求できる社会（Diversity & Inclusion） ③持続性ある社会（Sustainability）
AI 社会原則	①人間中心の原則 ②教育・リテラシーの原則 ③プライバシー確保の原則 ④セキュリティ確保の原則 ⑤公正競争確保の原則 ⑥公平性、説明責任及び透明性の原則 ⑦イノベーションの原則
AI 開発利用原則	

を追求できる社会（Diversity & Inclusion）、③持続性ある社会（Sustainability）を掲げています（表１－１）。

さらに、「人間中心のＡＩ社会原則」を受けて今後の方向性を示した「ＡＩ戦略」などの指針も令和元年６月にとりまとめられました。スーパーシティにおいても、これらに基づき、人間主役・住民主役の取り組みとして、最先端技術が適切に社会実装されるよう進めていく考えです。

新たな通信規格・5Gの可能性

もうひとつ、スーパーシティの実現

にあたり欠かせない技術が「5G」です。

5Gとは、携帯電話等の移動通信による無線通信システムの第5世代目であることを意味するものです。移動通信システムは、1980年代の第一世代・アナログ方式から約10年ごとに進化を続けており、最大通信速度はこの30年間で約10万倍にも拡大しました。

5Gは、①高速大容量、②多数同時接続、③超低遅延の3つの特徴を有します。現在実用化されている4Gと比較して、より速く・より大きなデータの通信が可能で、一度に多くの機器が接続でき、遅延もほとんど起こらないため、身の回りのさまざまなものをインターネットに接続することが可能になります。5Gを活用すれば、高速大容量の特徴を生かした超高精細なライブ映像のリアルタイム配信やVR（仮想現実）のような臨場感ある3D映像の配信、また、低遅延という特徴を生かした遠隔型の自動走行車両やドローンの緻密な制御、さらに多数同時接続という特徴を生かして家庭や工場にあるあらゆる家電や製造機器を同時に接続することができるようになります。5Gにより、これまでになかった新たなサービスの実現も期待できるでしょう。

5Gがもつ3つの特徴は、いずれも世界最先端の技術の社会実装を目指すスーパーシティの実現に大いに貢献するものであり、きわめて重要な技術です。

ただし、各地域に5Gの基地局が十分に配備されていないからといって、スーパーシティに手を挙げられないというわけではまったくありません。いまの容量でも十分にできる機能はたくさんあるからです。

新型コロナウイルス感染症対策で活用が進む技術＝コロナテック

２０１９年末から急速に全世界に広がり、公衆衛生上のみならず、経済・社会の面でも大きな課題となっている新型コロナウイルス感染症（ＣＯＶＩＤ−19）への対応策として、さまざまな先端技術の活用が進んでおり、仮称「コロナテック」といわれています。

韓国では、ＣＯＶＩＤ−19感染者が１００メートル以内に入るとアラートが出るスマートフォンアプリを開発。台湾やイスラエルでは、位置情報による感染者の追跡を行っているほか、中国ではネットによる遠隔医療や検査、ドローンによる治安パトロールなども行われています。また、アメリカでは自動運転車を使った宅配サービスの試験実施、イギリスでも配送ロボットの導入が始まるなど、ＣＯＶＩＤ−19の感染拡大を契機として、医療や教育、物流、警備など、さまざまな分野でのスマート化が急速に進んでいます。

ＣＯＶＩＤ－19のような新興感染症の蔓延という危機に対して、都市のシステムという面ではどういった対応が考えられるでしょうか。

私は令和2年6月11日の参議院予算委員会（ＴＶ入り）で、自由民主党・国民の声を代表して質問に立ちました。

そこで、「新しい生活様式」を確立するための都市のあり方として、「コロナテック・スーパーシティ」の提案を行いました。

現在、スマートフォンのアプリで陽性者との接触が通知されるなど、感染予防対策のための技術が急速に開発されています。こうした感染予防のテクノロジーを導入し、誰にもうつさない・誰からもうつらないまちづくりが「コロナテック・スーパーシティ」です。具体的には、予防対策として過去の接触者のスマートフォンの位置情報による値出し・分析、また特定検診の血液検査項目への抗体検査の導入などが考えられます。さらに感染対応としては、無症状者・軽症者全員にパルスオキシメーター（血中酸素濃度測定器）を配布するというアイディアもあります。

ＰＣＲ検査や抗体検査などの値をデジタル化することは難しいのですが、血中酸素濃度は数値化できます。ですから、パルスオキシメーターを電子化して重点病院で管理し、一定の値を下回った方に対しては自動運転車が迎えに来て人に接触せず入院できる、というしくみも構築することが可能です。

このほかにも、キャッシュレスや自動配送などが接触の低減に有効と考えられ、「コロナテック・スーパーシティ」の実現は、「新しい生活様式」を普及させるためにも大いに有効です。

住民はもちろん、まちを訪れる観光客などにとっても安心・安全な観光地の実現にも寄与するものと考えます。

この質問に対し、安倍総理からは「政府としても後押しをしていきたい」等、と前向きなお答えをいただきました。

日本国内でも、さまざまなデータや技術の活用が始まっています。

「三密（密集・密接・密閉）の回避」や「接触の7割削減」を図るうえで携帯電話会社のもつ位置情報が匿名化されて活用されているほか、SNSサービスのひとつであるLINEでは、全国の利用者に対し健康状況や働き方・過ごし方をたずねるアンケートを実施、三密を回避する行動の実施度合いや、テレワークの導入状況などが判明しました。

神戸市ではスピーカー付きドローンによる市民への呼びかけ、大分県では車両型ドローンによる消毒液の散布、神奈川県では療養施設に宿泊する患者とスタッフのコミュニケーションにロボットを導入、介護施設で家族とのオンライン面会を実施するなど、さまざまな技術の活用が試験的に進んでいます。

さらに、人と人の接触を確認するアプリケーションや、感染者の情報を把握・管理を支援するシステムの開発も進められています。

目に見えないウイルスに対応するには、人々の移動や接触の状況を把握してリスクの高い環境や状況を避けられるようにすることが重要です。「接触確認アプリ」では個人が感染者との接触状況を把握できるようになることで、行動の変容を促します。また、感染者との接触がわかった際には「新型コロナウイルス感染者等情報把握・管理支援システム（HER－SYS）」につなぎ、自治体や医療機関、保健所といった関係者間で効率的に患者等に関する情報を収集・共有できるようにします。これにより、前線で対応にあたる保健所などの事務負担の軽減も期待されます。また、個人のプライバシーに十分配慮しながら集まったデータを疫学調査にも活用することで、今後のより効果的な対策につなげることも可能です。もちろん、接触確認アプリにおいても、個人情報はプライバシーに配慮して最低限の収集に留めます。

社会が複雑化し、日々の生活にデジタル技術が浸透するなかで、人々の個人データに対する意識はどうなっているのでしょうか。２０２０年5月17日に放送されたＮＨＫの番組〈新型コロナウイルス　ビッグデータで闘う〉では、「個人データを使った行動の管理・制約　協力できるか」というアンケートに、61％の人が「協力できる」と回答したと紹介しています。国や社会全体の健康や安全を守り、かつ個人のプライバシーなどに配慮したデータの取り扱いのバランスについては、今後議論を深めていく必要があるでしょう。

3 Society 5.0とスーパーシティ

誰もが活躍でき、快適に過ごせる社会「Society 5.0」

政府は、「第5期科学技術基本計画」において、これからのあるべき社会の姿として、〈Society 5.0〉を提唱しました（図1－2）。

図 1-2　人類社会の変遷

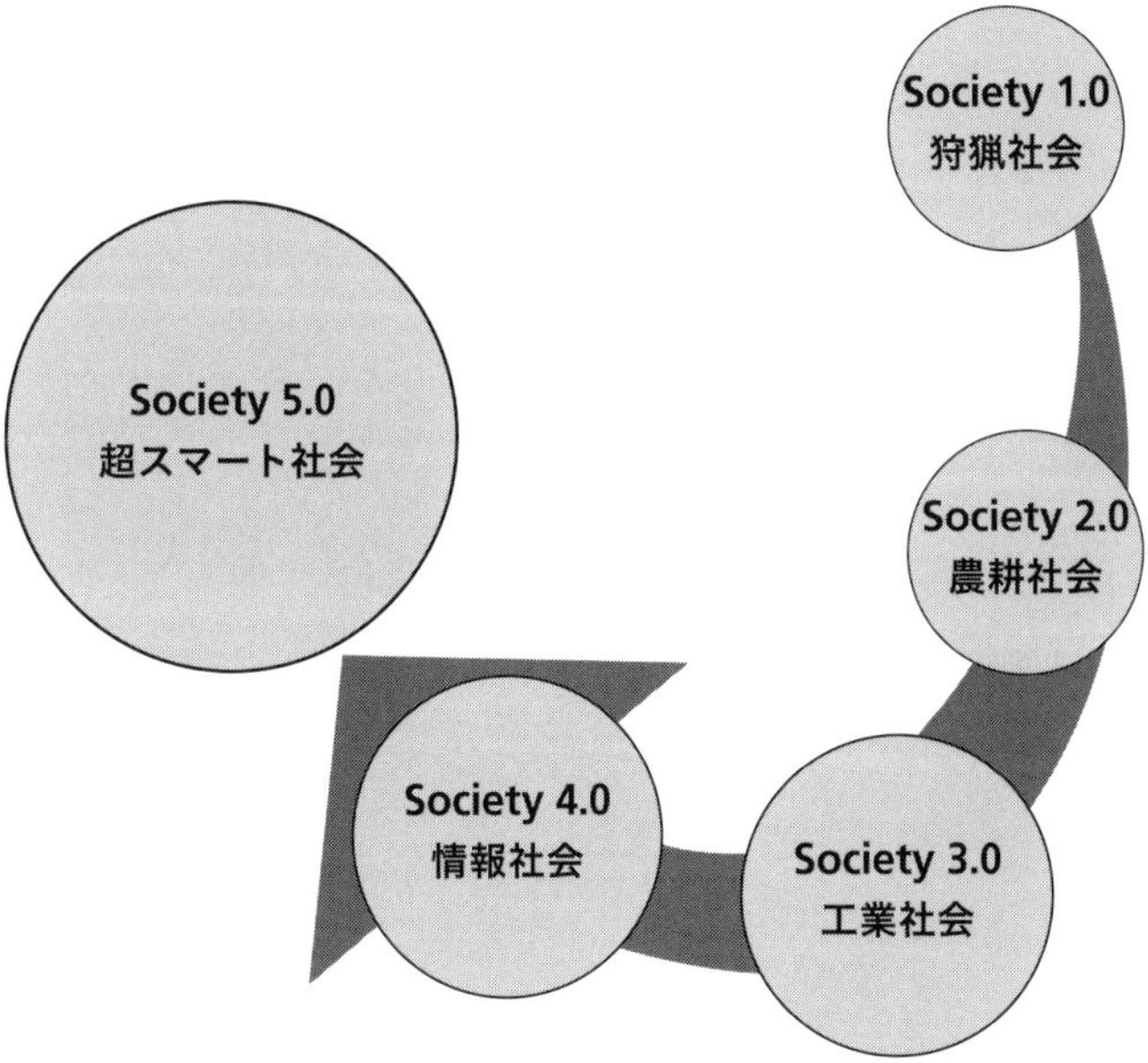
Society 1.0
狩猟社会
Society 2.0
農耕社会
Society 3.0
工業社会
Society 4.0
情報社会
Society 5.0
超スマート社会

人類社会は、狩猟社会（1.0）、農耕社会（2.0）、工業社会（3.0）と進化を続け、現在は情報社会（4.0）に至っています。しかし、現代社会は知識や情報共有、分野横断的連携の不十分さや、年齢や障害などによる労働・行動の制限、少子高齢化、過疎化など、さまざまな課題を抱えています。

Society 5.0とは、サイバー空間（仮想空間）とフィジカル空間（現実空間）を高度に融合させることで経済発展と社会課題の解決を両立する人間中心の社会のことであり、IoTやAI、ビッグデータの活用によるイノベーションを通じてこれまでの課題を解決し、人々が希望をもち、世代を超えて互いに尊重しあい、快適で活躍できる社会像が掲げられています。このビジョンはスーパーシティとも共通するものであり、スーパーシティの実現は、Society 5.0、すべての人が活躍でき、快適に暮らすことのできる社会にとっても欠かせないものとなります。

「実証」から「実装」へ

わが国では、すでに都市のスマート化に関してさまざまな分野での取り組みが始まっています。教育、医療、交通、金融・決済といった領域のＩＴ化が進められていますが、個別分野ごとの取り組みであるものが大半です。

政府ではこれまでに内閣府、総務省、経済産業省、国土交通省などの各省庁でスマートシティの地域実装／モデル事業や共通基盤の構築、官民連携、国際展開に関する事業を進めてきました。令和2年度からは、アーキテクチャに基づくシステム構築等に関し、各府省庁事業の連携が開始されています。

前述の通り、Society 5.0の実現に向け、都市・地域のスマート化は日本全国で進めなければなりません。今後は、国主導の「モデル事業」等から、地域・民間の主導による「実装」へ段階的に移行していくことになるのです。

第2章

スーパーシティをめぐる国内外の動向

日本国内のみならず、世界でも都市のスマート化・デジタル化を巡る動きが近年加速している。国内外の先行事例を通して、「スーパーシティ」の姿を探る。

1 先行する国内での事例

わが国ではすでに、エネルギーや健康、モビリティといった複数分野での先端的サービスを暮らしに実装するまちづくりが動き出している地域もあります。これらの先行事例も、スーパーシティを考えるうえで大いに参考になるでしょう。

事例1 Fujisawa サスティナブル・スマートタウン

神奈川県藤沢市の「Fujisawaサスティナブル・スマートタウン（Fujisawa SST）」は、「生きるエネルギーがうまれる街。」をコンセプトに、藤沢市内の19ヘクタールの街区で行われているプロジェクトです（図2-1）。エネルギー、セキュリティ、モビリティ、ウェルネス、コミュニティという5つの軸で生活サービスが展開されており、再生可能エネルギーの導入や、見守りカメラ・センサー付きLED街路灯による住民の見守り、医療・看護・介護・薬局が連携してシームレスなサービスを提供する地域包括ケアシステムなどが実施されています。インフラではなく、暮らしを起点に新しいサービス・技術を取

図 2-1　Fujisawa サスティナブル・スマートタウンの街区

提供：Fujisawa SST 協議会

り入れ、持続的な発展を目指すという姿勢はスーパーシティに通ずるものがあるでしょう。

このプロジェクトは電機メーカーであるパナソニックや、インフラ企業である東京ガスのほか、不動産、運輸、通信、薬局、エンタテインメントなど18の企業・団体からなるFujisawa SST協議会と藤沢市が官民一体で進めるまちづくりのプロジェクトです。

街区は松下電器産業（現 パナソニック）の藤沢工場の跡地を活用しており、更地に新たなまちをつくるという点では、スーパーシティ構想における「グリーンフィールド型」（第3章3参照）のまちであるといえます。

事例2　会津若松市

福島県会津若松市の「スマートシティ会津若松」は、平成25（2013）年2月に会津若松市が「施政方針」、および「地域活力の再生に向けた取組み〜ステージ2〜」において掲げたもので、ICT（情報通信技術）や環境技術などを生活を取り巻くさまざまな分野に活用し、将来に向けて持続力と回復力のある力強い地域社会と、安心して快適に暮らすことのできるまちを目指してさまざまな取り組みを行っています。

同市では、市民を含め、産官学が連携した体制を築き、「オープン・パーソナル・ビッグデータプラットフォーム」を構築してエネルギーや観光、ヘルステック、フィンテックなどの多様なサービスを提供します。これらのサービス提供には地域共通のキャッシュレス・ポイントインフラの構築も構想されています。

私は令和元年末、会津若松市を訪問し、本人の同意の下提供される医療や食事のデータを活用することで治療から予防医療への転換・医療費の削減・健康サービス産業の創出を目指す取り組みや、登録した人の好みに応じて観光スポットを紹介する取り組みなどを拝見してきました。実際の暮らしに実装されたこれらのサービスを見たことで、改めて、

図 2-2　会津若松市を視察する著者

スーパーシティ実現を急がねばならないと感じました。

この会津若松市で令和2（2020）年7月1日から正式運用が始まった画期的なプロジェクトが、日本初のデジタル地域通貨「Byacco／白虎」です。「Byacco／白虎」はブロックチェーン技術を活用したデジタル地域通貨で、データ自体が現金と同様の価値を持ち、紙媒体を使用せず非接触での決済が可能であり、個人や企業への現金支給や支援なども安全かつスピーディに実施できます。

基幹となるブロックチェーン「ハイパーレジャーいろは」はソラミツ株式会社（本社・東京都渋谷区）が会津若松市・会津大学と連携して開発した日本発の技術で、カンボジアやロシアなど、海外で先行して実用化・正式運用されています。

今回の正式運用は会津大学内の売店やカフェテリアなどとなりますが、今後地域内のさらに広いエリア、また地域や国境を越えた連携・運用も期待されます。

事例3　柏の葉スマートシティ

千葉県柏市の「柏の葉スマートシティ」は、柏市の都市計画に基づいて平成12年に開始された区画整理事業から現在にまで続く取り組みです。「環境共生」「健康長寿」「新産業創造」の3つを柱に、公（千葉県・柏市・NPO団体）、民（市民・企業）、学（東京大学・千葉大学）の3者が連携してまちづくりを推進しており、「柏の葉アーバンデザインセンター」（UDCK）が連携のプラットフォーム役を担っています。

柏の葉スマートシティでは、平成12年2月に東京大学柏キャンパスが、平成15年4月に千葉大学環境健康フィールド科学センターが開設された後、平成20年に千葉県・柏市・東京大学・千葉大学の4者で「柏の葉国際キャンパスタウン構想」を策定しました。大学と地域が空間においても活動においても融和することで、新たな文化や産業が生まれるようなまちづくりを目指しています。

環境面においては、太陽光やバイオマスといった再生可能エネルギーを徹底的に活用。災害時スマートエネルギーシステムにより、非常時の電力融通や生活用水の配給が可能でＢＣＰ（事業継続計画）、ＬＣＰ（生活継続計画）への対応を実現しています。また、健康面では、健康増進サービスや地域健康サポートなどを無料で提供しているほか、個人の日常的な健康データを分析・見える化し、自発的な健康増進・疾病予防を促す取り組みも実施されています。さらに、エリア内に設置された日本最大級のインキュベーションオフィスであるＫＯＩＬでは多様な人材と最先端の情報の交流が行われており、ビジネス創造の拠点となっています。平成30年6月には柏市・ＵＤＣＫ・ドローンワークス・三井不動産が「柏の葉ＩｏＴビジネス共創ラボ」を共同で設立し、柏市を中心に近隣地域へのＩｏＴの普及・活用とＩｏＴ関連ビジネスの機会創出を目的に活動を行っています。

事例4　ウーブン・シティ

令和2年1月7日（米国時間1月6日）、米国ネバダ州ラスベガスで開催された世界最大の民生技術見本市・ＣＥＳ ２０２０のなかで、トヨタ自動車があらゆるモノやサービスがつながる実証都市「コネクティッド・シティ」プロジェクトを発表しました。

図 2-3　ウーブン・シティのイメージ図

提供：トヨタ自動車株式会社

これは、静岡県裾野市にある、同年末に閉鎖予定のトヨタ自動車東日本 東富士工場跡地を利用して、自動運転やMaaS（モビリティ・アズ・ア・サービス）、パーソナルモビリティ、ロボット、スマートホーム技術、AI技術などを導入・検証できる実証都市を新たに作り上げる計画で、令和3年初頭に着工予定とされています。

このプロジェクトでは、情報通信技術のさらなる高度化や通信容量の大容量化・通信速度の高速化などによって、今後ますます生活全般におけるモノやサービスが情報化されていく状況をふまえ、まちを舞台に技術やサービスの開発と実証を繰り返すことで、新たな価値やビジネスモデルを生み出すことをねらいとしています。

ウーブン・シティでは、まちを通る道路を①高速車両専用道、②歩行者と低速度のパーソナルモビリティが共存する道、③歩行者専用道の3つに分け、それぞれが網の目のように織り込まれたまちの姿を構想しています。

以上、国内で進む先進的なまちづくりの4つの例をご紹介しました。

実際のスーパーシティの公募・選定は令和2年9月以降に行われますので、これらが必ずしもスーパーシティに応募されるとか、見本であるということではまったくありません。スーパーシティ構想では、現存する事例・取り組みを上回る、より効率的かつ高度なサービスを提供できるまちを目指しています。いずれにしても、2030年頃に実現される未来社会の生活を前倒しして実現できるよう、国が後押しすべきことは言うまでもありません。

2 世界の先行事例

国連の「世界都市人口予測 2018年改訂版」によると、平成30（2018）年時点で、世界人口の55％が都市部に暮らしており、2050年にはその割合は68％に達すると予測されています。都市にまつわる問題は今後ますます増えることが予想され、「新たな都市のあり方」が世界各地で模索されています。都市のスマート化もその流れの一環といえ、さまざまな先進的取り組みが進んでいます。

事例5 スペイン・バルセロナ

スペイン第2の都市・バルセロナでは、2000年から、知識集約型の新産業とイノベーション創出を目的に、Wi-Fi（無線LAN）を都市のICT化のインフラとして活用しながらスマート化を図る取り組みが進行中です（図2-4）。

バルセロナでは交通量のセンサー情報を基にエリアを適切な明るさに調整して点灯するスマートライティングや、駐車場の空き状況をセンサーで把握するスマートパーキング、

図 2-4　バルセロナが目指す「IoT フルスコープ型スマートシティ」

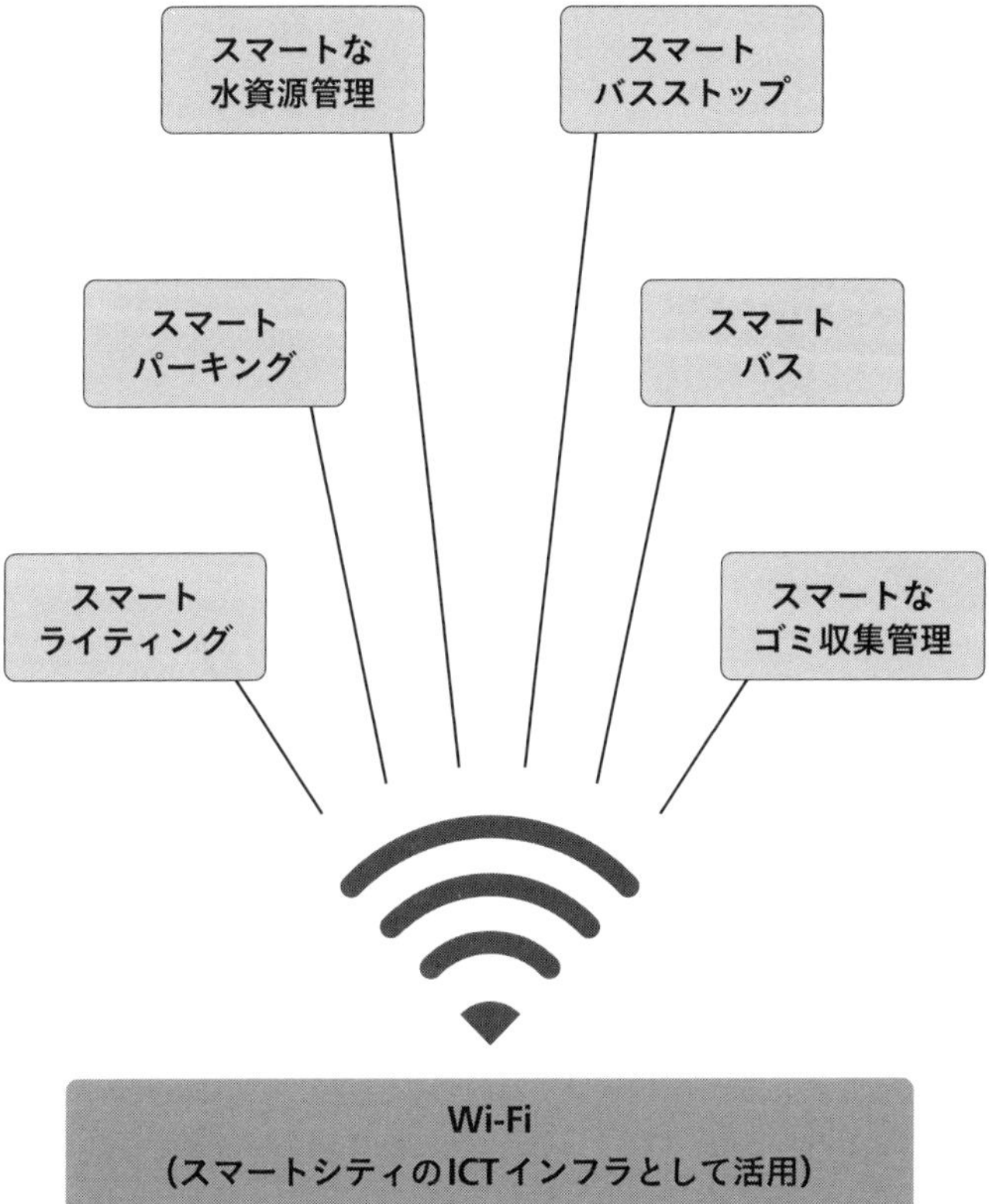

ゴミ収集箱の満杯・空き状況をセンサーで感知するスマートなゴミ収集管理のほか、環境・資源管理のスマート化といった先進的サービスが実装されています。各種センサーなどで取得された情報はＷｉ－Ｆｉでつながり、効率的な管理・運用に生かされ、市内の渋滞緩和や省エネ・電気代の削減、ゴミ収集経費の節減といった成果が出ています。

また、プロジェクト開始から２０１０年までの間に、バルセロナでは企業が４５００増加し（市内他地域より高い増加率。そのうち約半数がスタートアップ企業、約３割が知識・技術集約型企業）、５万６２００の新たな雇用創出、年間89億ユーロ（約１兆円）の価値（取引）増加につながったと報告されています。

この取り組みにより、バルセロナは２０１４年3月に欧州委員会から、欧州内で最もイノベーションを起こし、生活の質を向上させている都市・ｉＣａｐｉｔａｌに選定されています。

事例６　韓国・ソンド

韓国の空の玄関口である仁川国際空港近くの松島（ソンド）では、埋立地に計画的にスマートシティを建設するというグリーンフィールド型の都市開発が行われています。

ソンドは仁川広域市内の自由貿易地域に位置しており、将来的に人口30万人の国際都市となることを目指しています。海沿いの浅瀬を埋め立て、韓国政府・仁川市が都市インフラの整備を行ったうえで、区画を開発業者に販売する方式をとっています。域内はビジネスエリアと住宅エリアに分かれており、2012年には住民数が6万人を超えました。

高層住宅ではゴミをダクトから吸引して収集センターまで自動集積することでゴミ収集車が不要になっているほか、最新のビデオ技術を活用し、家にいながら教育や医療を受けられる遠隔教育、遠隔医療が実践されています。街中にはスマートライティング（街灯）などの設備があり、大気汚染の状況監視やバスの運行管理など、ICTを活用したサービスが展開されています。

ソンドのまちづくりは官民共同の第三セクター型で運営されており、仁川市と、韓国最大の鉄鋼メーカーであるポスコ社の建設子会社、そしてITネットワーク機器メーカーであるシスコシステムズ社などが参画しています。

事例7　インドの100都市構想

インドではさらに大規模に、国内で100のスマートシティを建設する「スマートシティ100都市構想」を掲げています。

これはインド住宅都市省の下で「スマートシティミッション」として進められているもので、ビッグデータやIoTなどのデジタル技術を駆使し、データ指向の開発を行うことで、生活の向上を目指す取り組みです。都市の評価は、クオリティ・オブ・ライフ(生活の質)、経済性、持続可能性という3つの柱をもとに行われています。また、スマートシティにおける中心的なインフラとして①十分な水供給、②安定した電力供給、③下水処理・ゴミ処理、④効率的な都市交通・公共交通、⑤低所得者層向け住宅、⑥安定したIT接続・デジタル化、⑦Eガバナンスと市民参加、⑧持続可能な環境、⑨市民の安全とセキュリティ、⑩健康と教育、の10項目が挙げられており、都市選定の基準にもされているそうです。

インドのデジタル化で特筆すべきなのは、「アドハー」(Aadhaar、またはアーダール)という、国民ひとりひとりに固有のIDを付与し、それを指紋や顔・虹彩という生体認証とセットでデータベースに登録するしくみです。2010年の登録受付に始まり、すでに13億人の人口中、12億人あまりに普及しており、アドハーと銀行口座が紐づくことで、農村部の人々にまで直接、補助金を届けることが可能となりました。従来は中間搾取が起

図 2-5　ドバイ・サステナブルシティ

提供：Diamond Developers

こり、末端の人々まで適正に補助金が届かない状況があったという大きな課題を、デジタル技術で克服した注目すべき取り組みです。

事例8　ドバイ

ＵＡＥ（アラブ首長国連邦）を構成する首長国のひとつ、ドバイ首長国の首都であるドバイも先端的なまちづくりに取り組んでいます。

２０１３年、ドバイ首長国首相でＵＡＥ副大統領・首相のシェイク・ムハンマド・ビン・ラーシド・アール・マクトゥーム氏が「ドバイを世界上で最も幸せな都市にする」ことを掲げ、「スマートドバイ・プロジェクト」構想を発表しました。その後、政府データの統合オープンデータベース構築や民間でのデータシェア文化醸成のための取り扱い方針などを定めたドバイデータ法を制定（２０１５年）、交通・通信・インフラ・電力・経済サービス・都市計画の６つの柱に沿って１００のイニシアチブを立ち上げ、ドバイをスマートシティに転換させる「スマートドバイ戦略プラン」を進めてきました。

現在では、ドバイ都心から約30キロメートル南方に、面積約46ヘクタールにもなるニュータウン「サステナブルシティ」が開発されています。５００戸の住宅のほか、リハビリ施設、モスク、学校、商業施設などの建築物は、いずれも環境に配慮し省エネ性能の高いものとなっています。

事例９　シンガポール

金融や交通などで東南アジアのハブとして存在感を示すシンガポールでは、２０１４年にリー・シェンロン首相がＩＣＴ化を積極的に推進して経済や生活水準の向上を目指す国家戦略「スマートネーション」構想を発表、行政サービスや金融などのデジタル化を進めています。

シンガポールではスマートネーション構想推進のため、首相府の下に各省庁のＩＣＴ

チームや外部人材から組織される専門家集団「政府技術庁」を設置、各省庁と連携して施策を進める体制をとっています。

また、ビッグデータによる効率的な計画策定、生産性向上と価値創造を目的に組織された「都市再開発庁」は、省庁横断的にデータを収集・整備し、最新情報や分析結果を政府内で共有できるようにしています。こうした行政側の体制構築は、わが国でも参考にできるものでしょう。

3 自治体からのアイディア公募

続いて、先端技術を活用して今後の課題解決を模索する自治体のアイディアを見てみましょう。

スーパーシティ構想を具体的に進めるため、内閣府では、令和元（2019）年9月から、全国の自治体、または自治体の推薦を得た事業者・団体等から幅広く検討中のアイディアを募集する「自治体アイディア公募」を実施しました。令和2年6月時点で56団体から、それぞれの地域の特性や課題に対応した多彩なアイディアが寄せられました。

この公募は今後行われるスーパーシティのエリア選定プロセスに影響するものではありませんが、公募内容は今後の制度の詳細設計や関連施策の決定に生かされます。また、公募内容のエッセンスの相互開示、公募内容について内閣府との意見交換を行うなどして、全国各地におけるスーパーシティ構想の検討の加速が促進されることを期待しております。

例として、千葉県木更津市では、平成30（2018）年10月から地域通貨「アクアコイン」の運用が開始されています。君津信用組合・木更津市・木更津商工会議所が連携して普及を進めているもので、スマートフォンの専用アプリ、またはプリペイドカードを使用し、1円＝1コインとして木更津市内でのみ使用できます。

令和2年5月時点で、専用アプリのダウンロード数は1万件、コインが使用できる店舗は500軒を超えており、飲食店や理美容店、クリーニング店、クリニックなど、さまざまな生活サービスへの支払いに利用できます。

同市では、市内で高齢化が進む富来田地区を対象に、このアクアコインを起点として課題解決を図るためのアイディアを公募に寄せました。①将来的な高齢化対策および人口減少対策、②医療機関や銀行、郵便局、商店等が少なく、また公共交通機関に乏しいため車利用が前提の生活の改善、③アクアコインの普及促進による地域経済の持続的な成長・発展やコミュニティの強化、という3つの課題に対し、地域通貨であるアクアコインを生活に定着させ経済を活性化させるとともに、都市部と変わりなく生活ができるよう、必要な機能を充実させることを目指しています。

これらの課題解決のために必要な先端的サービスとして、表2－1が掲げられています。

公募で寄せられたアイディアをもう少しご紹介しましょう。

例えば、高齢化が進むある市では、免許を返納した後期高齢者が急増したものの、人手不足によるタクシーの減少とその料金の高さから、通院を断念する高齢者の急増が懸念されています。これに対し、市では自治体がもつ行政・住民データと病院・介護施設がもつ健康データ・病院予約データ、そして地域の配車データを「データ連携基盤」を通じて連携。ボランティアドライバーを活用した市民タクシーを配車アプリで手配・決済可能にし、通院予約や遠隔医療を活用した地域包括ケアと連動させます。さらに、ボランティア活動に対してポイントを付与する制度とし、行政サービスや市民タクシーへの支払いにも充て

表 2-1　「アクアコイン」を活用した木更津市のアイディア

サービスの領域	内容	対応する課題
医療・福祉	・診察・治療、介護サービス、投薬等のサービスを自宅に提供 ・地域のかかりつけ医のゲートオープナー機能の実現	・高齢化・人口減少 ・生活サービスへのアクセス ・地域経済・コミュニティ
行政サービス	・行政サービスのオンライン化により各種サービスを自宅に提供	・高齢化・人口減少 ・地域経済・コミュニティ
移動	・AI等の活用により、利用者のニーズに合わせたオンデマンドやシェアリング交通システム ・5Gを活用した利用者や運行者の位置把握による配車システム	・高齢化・人口減少 ・地域経済・コミュニティ
災害時等対応	・道路等インフラにWEBカメラやセンサー等のIoT付加 ・AI技術を活用した顔認証による位置把握と高齢者や認知症患者の24時間見守り	・高齢化・人口減少 ・生活サービスへのアクセス ・地域経済・コミュニティ
農業	・動作補助ロボットやドローンによるスマート農業 ・AI技術や自動運転モビリティによる収穫や出荷システム ・自営無線ネットワークを活用した有害鳥獣対策	・高齢化・人口減少 ・生活サービスへのアクセス ・地域経済・コミュニティ
アクアコインの定着	・高齢者に対してスマートフォンを無料配布 ・各サービスの支払いについて生体認証によるアクアコイン決済 ・アクアコインのネットワークを活用したデータ連携から次なるサービスへ	・高齢化・人口減少 ・地域経済・コミュニティ

られるようにする、というアイディアです。高齢者が適切に通院できるようになることでの社会保障費の抑制、また、地域交通の合理化といった効果が期待されます。

もうひとつは、防災をテーマとしたアイディアです。

温泉地を抱えるある市では、隣接する自治体が海に面しており、津波に備えた避難エリアを必要としているため、周辺自治体との防災連携協定を模索しています。また、山間部の耕作放棄地や宅地開発から取り残された駅周辺の活用も課題となっています。これに対し同市では、防災モールとしての機能も備えた温泉併設の商業施設を整備。防災物流団地と連携するとともに、自動走行やドローンによる物流網も構築。隣接する公園にキャンプ場等を整備し、発災時は仮設住宅へ転用できるようにします。さらに、エネルギー集中センターを配置して太陽光や水素による発電と地区全体での共有蓄電を行うとともに、地下水や中水を利用した水循環システムにより水資源を確保。エネルギーを地産地消する自立したまちを目指す、というアイディアです。こうしたまちのインフラを監視するセンサー、また、高齢者や子どもを見守るスマートポール（街路灯）を導入し、まち全体を常に安全管理できるようにすることも想定されています。災害時には、リアルタイムで災害状況をモニタリングすることもでき、必要な場所への早急な支援も実現できるでしょう。住居や避難所と商業施設・防災拠点、防災物流団地間のドローン・自動配送に必要な情報の共有などは、「データ連携基盤」を通じて行います。

以上、スーパーシティに関して公募で寄せられたアイディアをいくつかご紹介しました。まちづくりや暮らしのなかに先端技術を取り込むことで、高齢化や人口減少に伴って起こる社会の変化への対応や、暮らしにくさの解消が進むことが期待されています。

これらのアイディアを実現するために必要なのは、ボランティアドライバーにかかわる道路運送法での取り扱いや、遠隔医療（遠隔診療・服薬指導）にかかわる法令等の特例、目視外でのドローン運送にかかわる航空法の特例や分散型エネルギー（電気）の地産地消にかかわる電気事業法の特例、といった規制の改革です。

4 スーパーシティの市場規模

世界各地での都市のスマート化と呼応して、スーパーシティに関する市場も立ち上がり、成長の速度を増しています。ＩＴ専門の調査会社・ＩＤＣ Ｊａｐａｎによると、スマートシティ関連ＩＴ市場の支出額は、２０１８年に８１０億ドルであり、２０２２年には１５８０億ドルに達すると予測されています。

日本国内においては、２０１８年の支出額が４６２３億円、２０１８～２０２２年の年間平均成長率は21・２％で、２０２２年には市場規模は９９６４億円に拡大するとされています。また、支出額上位の項目として、高度化した公共交通誘導、インテリジェント交通管制、固定監視画像データ解析、環境監視、スマート街灯の５つが予測されています。

スマートシティやスーパーシティに実装される認証技術・通信技術といった個々の要素技術に関して、わが国は国際的にみても遜色ない水準にあります。日本はもとより、世界でも未来のまちづくりを進める取り組みや市場が広がりつつあるなか、こうした最先端技術の社会実装を進め、実際に使用実績のある技術として育てていくことが、日本の国際競争力維持・向上の観点からも重要です。

第3章

スーパーシティ構築に向けた政策～エリア・事業者の選定

わが国でいかにしてスーパーシティを構築するか。政策の枠組みやエリア選定・事業者に求められる要件、今後のスケジュールなどを概観する。

1 制度設計の意図

「国家戦略特別区域法の一部を改正する法律」(以下、本法)の策定にあたっては、内閣法制局とも膝詰めの議論をし、さまざまな苦労を経てきました。いまやらなければならないこと、いまできることを盛り込み、ぎりぎりまで頑張ってこのかたちになったというのが正直な気持ちです。

スーパーシティの制度設計のユニークさは、民主主義の下に、規制緩和を含むまちづくり全体の事業計画を本法でカバーするという点にあります。

皆の課題を解決することがまちづくりの最大の目的であり、スーパーシティの事業計画策定にあたっては、「区域会議」の設置と、そこでの議論が必要となります。区域会議では「住民の利便性の向上」という概念が中心に据えられます。最先端技術を活用したサービスを導入してまちの課題解決を図るとき、「どういうデータを集めて、それを何のために使うのか」、そして「その使用を透明性をもってチェックしなければいけない」といったような対話が促されます。今後、社会のデジタル化が進んでいくなかで避けては通れない基本的事項を話し合うことができるしくみになっています。

話し合いやすり合わせは日本社会が非常に得意とするところであり、区域会議を通したやりとりによって住民合意を形成するやり方は、日本の風土にも合ったものなのではないでしょうか。私は、こうしたある種日本的な、地域における意見集約の場のなかで、そのまちの道筋がある程度みえてくるのではないかと期待しています。世界には、バルセロナやアムステルダムなど、スマートシティ化を成し遂げている都市も存在します。これらの都市も含め、先進的な民主主義国家の都市においても、こうしたしくみは法律や条例にあたるもので明確に定められていない部分です。これまで、ほかのどこの都市にもない制度だったからこそ、さまざまな議論を呼んだという面はあると思っています。

地方創生、地方自治が叫ばれるいま、先進的なまちづくりを行うことに対して、そのまち自身が選択し、手を挙げなければ、何も起きません。自治体が自ら手を挙げ、かつてない規制緩和に取り組むことになるのですから、内閣府がそのサポート的役割として区域会議に入るという枠組みにしています。

持続可能な開発目標（SDGs）への寄与

令和元（2019）年6月、G20の公式サイドイベントとして、「スーパーシティ・スマートシティフォーラム 2019」が大阪で開催されました。本イベントは国連広報センターにも後援をいただきましたが、スーパーシティはSDGs（持続可能な開発目標）にも大いに関連する取り組みです。

急速な少子高齢化、人手・担い手や社会インフラの不足、エッセンシャルワーカーの減少、そしてまた地域による教育環境の差や、環境・ゴミ処理、エネルギーの問題など、地域が直面する課題は挙げだすときりがありません。SDGsでは環境や社会、経済の持続可能性という面からそうした点にも光が当たっており、いまであれば当然、新型コロナウイルス感染症対策や公衆衛生も中心的課題のひとつに挙がるでしょう。

本法では、「住民その他の共同の福祉及び利便の推進を図るものに限られる」と定義されており、「住民その他の利害関係者の意向を踏まえなければならない」とも明記されています。スーパーシティは、住民中心の課題解決の手法のひとつでもあるのです。

2 政策の枠組み

国家戦略特区の活用、従来の制度との違い

スーパーシティ構想では、交通や金融、医療など、複数分野にまたがる未来の生活サービスを前倒しで提供できるまちの実現を目指しています。

このために、国家戦略特別区域（国家戦略特区）を活用し、複数分野の規制改革を同時・一体的に、かつ迅速に実現することでスーパーシティ実現に向けた規制改革を大胆に進めていきます。

これまでのスマートシティ関連の取り組みで多く見られたような単独分野での実証事業では、改革が必要な規制は同一の省庁で所管しているケースが多く、規制に対しある程度柔軟に対応できていました。

しかし、スーパーシティのように複数多分野にわたる取り組みの実現を目指す場合、単

独分野での規制改革においてさえ調整等の手間がかかるところ、よりいっそうの時間・手間がかかることが予想されます。この状態では、規制の枠組み内での事業しか設計することができなくなる恐れも大いにあります。

先進的事業に大胆に取り組もうとすればするほど、規制の壁が厚くなる状態であり、今回成立した本法では、こうした壁を取り払うという意味で、これまでの特区制度を強化したものであるといえます（図3-1）。

そのため、通常であれば規制の特例措置が実現してから事業者等の公募を行い、事業計画を認定するところ、まず最初に公募により選定されたスーパーシティ・エリアの事業計画案を「基本構想」として先に認定し、その実現のために必要な複数の特例措置を、各府省一体となって検討する、という手続きの順序となっています。

また、基本構想の認定にあたっては、住民その他の利害関係者（ステークホルダー）の意向をふまえていることが必要となります（第5章参照）。さらに、基本構想を実現するために必要となるデータの提供を国等に求めることができる「データ提供の求め」に関しても規定が置かれました。

図 3-1　本法における規制改革実現までの流れ

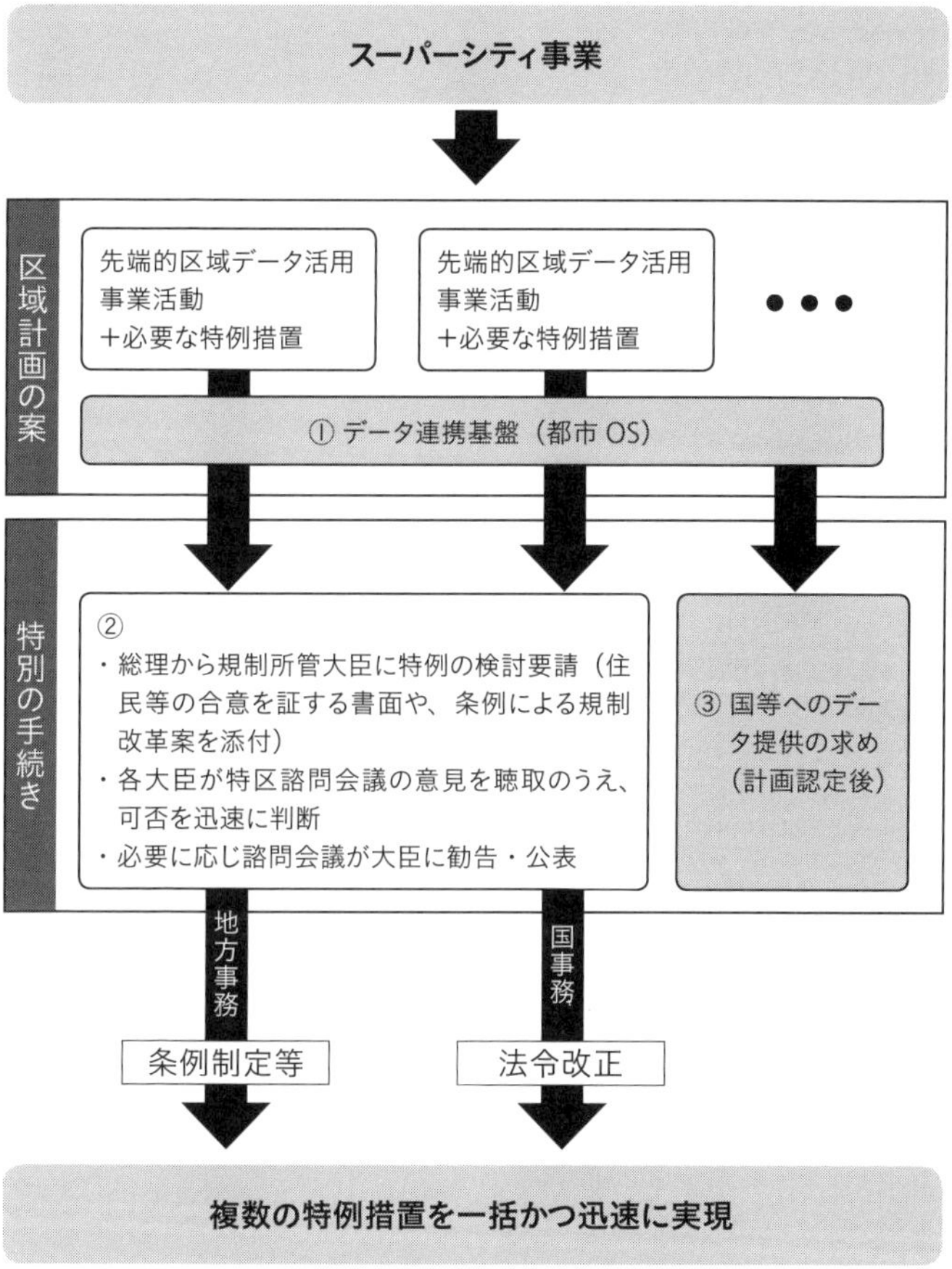

①スーパーシティの区域計画を先に作り、必要な規制の特例措置を政府に求める
②求められた複数の特例措置を、条例等で一括・迅速に実現
③国等にデータの提供を求めることが可能。ただし、安全管理基準を遵守

各省庁のスマートシティ関連施策との連携

政府ではこれまでにも、スマートシティに関してさまざまな施策を講じてきました。各省のこれらの施策が連携すれば、スーパーシティにも対応できるのでは、という意見もあるかもしれません。

しかしながら、交通や金融といった複数分野にまたがる技術・サービスなど、これまで暮らしに実装されたことのないものの実現を目指す取り組みですから、さまざまな面で新たな規制の特例措置が必要になると考えられます。

また、規制を所管する省庁にはそれぞれの分野において検討すべき政策の優先順位や特有の事情があり、これらを個別地域の課題や事業計画の事情にあわせて調整し、実現にまでこぎつけるのは非常に困難であるとも予想されます。

本法では、こうした状況も鑑み、特例措置の同時・一体・迅速な実現を可能とする枠組みをつくりあげたのです。

もちろん、従来からの各省庁の施策を効果的・効率的に運用することも重要であり、本

図 3-2　各府省間の施策の連携イメージ

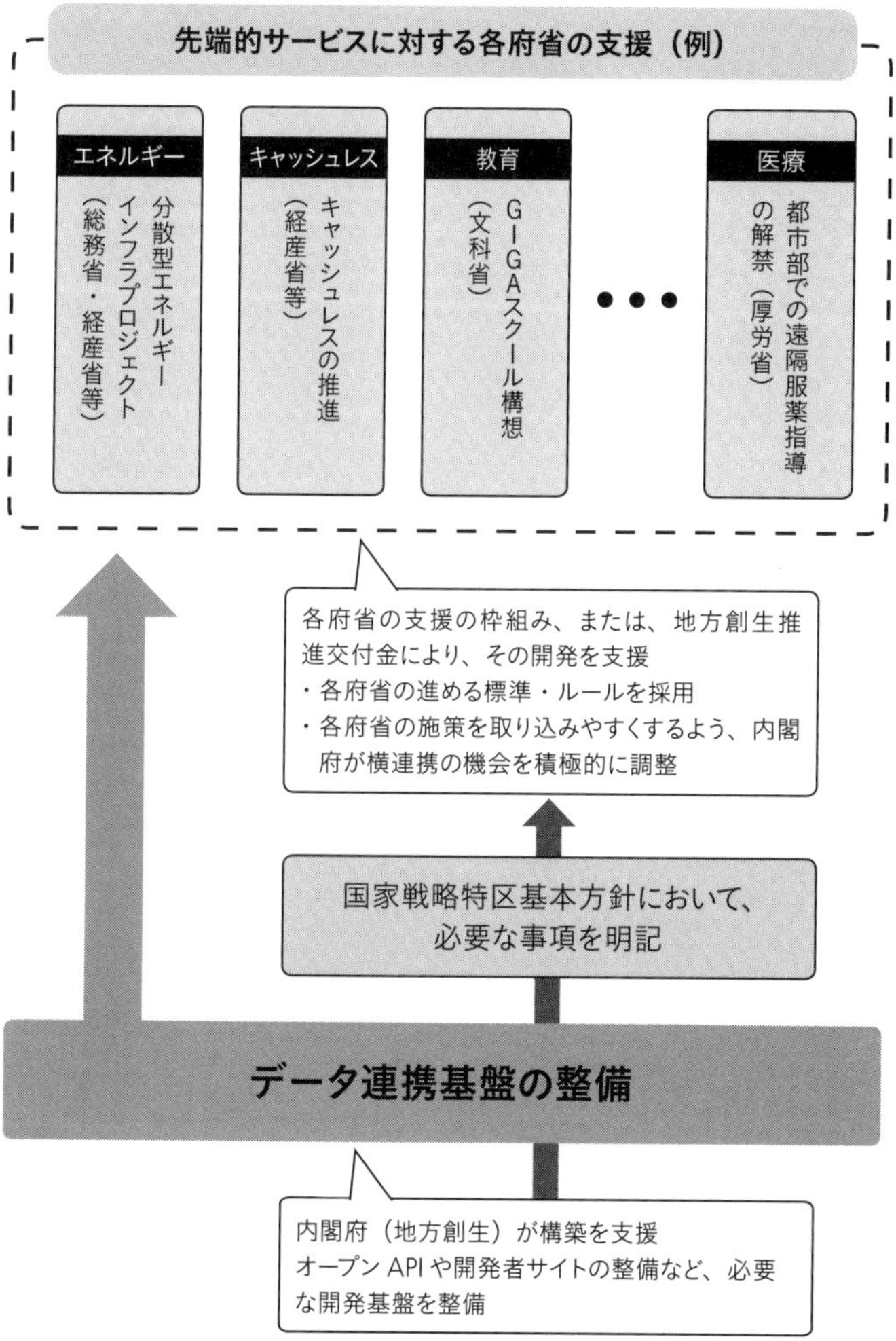

表 3-1　基本方針で定められる各府省実施の施策との連携促進

① 内閣府は、スーパーシティのエリアの選定にあたり、応募自治体の取り組みについて各府省へ情報提供を行う
② 各府省は、活用可能な施策があれば、内閣府に情報提供を行う
③ 内閣府は②によって提供された情報を当該自治体へ伝え、施策の活用を検討するよう助言を行う

法では国による援助規定が盛り込まれています。各府省で実施しているスマートシティ施策との連携促進のしくみは図3－2に示すとおりです。

また、連携のために表3－1のような基本方針を採っています。各府省は、当該自治体から施策の活用申請があった場合には、先端的な取り組みを行う意欲のある自治体であることを考慮し、必要な支援策を検討することを明らかにする、としています。

国家戦略特区諮問会議

図3－1の②で示したように、規制の特例措置の実現にあたっては、規制所管大臣にその判断の権限があります。このプロセスのなかで、各規制所管大臣はその可否の通知に先立ち、必ず国家戦略特区諮問会議（特区諮問会議）の意見を聞くこと

とされています。

特区諮問会議は、必要に応じ、各規制所管大臣に勧告を行うことができます。この勧告は、規制所管大臣による特例措置の検討が必要以上に時間を要している、特区諮問会議の意見を十分にふまえていない、などと判断された場合、規制所管大臣に対して行われ、その勧告内容は公表されることとなっています。

特区諮問会議の勧告は国家戦略特別区域法（以下、特区法）ですでに認められた調査・審議に準ずる権限ではあるものの、強制力はありません。特例措置の可否について、最終的に判断を行う権限があるのは各省庁であることには変わりありませんが、国家的、かつ横断的な観点から、迅速で適切な判断を行っていただくためのしくみとしています。

なお、特区諮問会議は特区法に基づき設置され、重要事項について調査・審議を行い、必要と認めるときには内閣総理大臣および関係各大臣に対し意見を述べることが認められています。

特区諮問会議でのやりとりは、その運営規則に基づいて速やかに議事録に近い議事要旨を作成し、公表される規定になっています。

大胆、かつ積極的な構想計画を

さまざまな分野にまたがり、大胆な規制改革を行いながら未来都市の構築を目指すスーパーシティ構想は、どれかひとつでも規制改革が実現しなければ達成できないものとなってしまうのでしょうか。

スーパーシティでは、大胆な規制改革を必要とする複数のサービスの同時実装を目指しており、必要な規制改革事項がひとつでも実現できなければ、大きな障害となることは確かです。

しかし、それを恐れて提案が萎縮してしまうことは、それこそが地方創生をはじめとした日本社会の課題解決にとって大きな障害です。基本構想の策定・提案にあたっては、ぜひ大胆かつ積極的な取り組みを考えていただきたいと思いますし、国家的・分野横断的にみて合理的事情により実現できないサービスがあることが判明した場合は、地域の方々とともに、ただちにそれを補う基本構想の改訂に取り組み、状況に応じた最善の策をとれるようにしていかなくてはなりません。

3 開発のあり方、参加主体

グリーンフィールド型・ブラウンフィールド型とは

スーパーシティの開発のあり方は、「グリーンフィールド型」と「ブラウンフィールド型」の2つに分けられます。

グリーンフィールド型とは、都市の一部区域や工場跡地などで新たな都市開発を行い、そこへ新たに住民を集める、新規開発型の手法を指します。国内の例でいうと、第2章で取り上げたFujisawa SSTやウーブン・シティのようなまちとなります。

対するブラウンフィールド型は、すでにあるまちで、住民の合意を形成しつつ、必要な都市開発・インフラ整備を追加的に行う、既存都市開発型の手法を指します。

いずれのタイプも、エリアが行政区域に一致する場合と、行政区域の中の一部地域となる場合があります。

まっさらな土地に新たにまちを開発するグリーンフィールド型は未来都市であるスー

パーシティとしてイメージしやすいかと思いますが、ブラウンフィールド型のように、既存のまちをスーパーシティ化することは難しいと思われるかもしれません。確かに、すべてをゼロから設計でき、最先端技術をまとめて実装できるという点ではグリーンフィールド型のほうがスーパーシティ実現にとって好ましい面があります。

しかし、ブラウンフィールド型には、すでにある住民のネットワークや地域に浸透した課題意識に寄り添うかたちで新たな技術の実装を行えるという面でメリットがあります。

スーパーシティに取り組むにあたっては、この2つのタイプのどちらが自らの地域に合うものかも意識しつつ、基本構想の土台としていく必要があります。

誰が取り組むのか・区域会議とは

スーパーシティの取り組みのうち、データ連携基盤整備事業の実施主体については、国家戦略特別区域計画で定められることとなります。

主体は自治体であることもあれば、自治体から委託・信任を受けた民間企業等の場合もあり、地域のニーズやサービス内容等により、さまざまなケースが想定されます。

データ連携基盤整備事業の実施主体に対しては、事業主体がどのような性格のものであれ、個人情報保護の観点から、関係法令の遵守に加え、政府が定めたデータの安全管理基準と同等の対策の実施が義務づけられます。

また、取り組みを進めるための重要な組織として「区域会議」があります。

これは、基本構想の策定にあたり設置されるもので、選定エリアの自治体と住民の代表、公募により選定された事業者、そして内閣府にて構成されます。

地域の課題をふまえた事業計画立案に関する議論やエリア住民の意向の確認などはこの場で行われます。特に、地域のニーズをとらえるという点で重要な組織であり、区域会議における住民の意向確認等については、第5章でも解説します。

4 エリアの公募・選定方法・基準

申請時期、対象、選定数

本法は令和2年5月27日に成立し、それに沿い、政省令の制定、およびエリア選定基準等を定める基本方針の改正が行われます。政省令の第一弾は令和2年6月10日に案が出され、国家戦略特区諮問会議で了承されました。今後、基本方針のなかで選定基準が規定され、そのうえで自治体への正式公募が行われます。同日の国家戦略特区諮問会議では、9月を目途にエリア公募を開始するという案が出ています。

法律の成立に先立って、内閣府は自治体へのアイディア公募を行い（第2章参照）、スーパーシティを目指す自治体との意見交換・相談を行っています。正式公募が開始されるまでの間も、こうした意見交換や相談が続くわけで、住民目線で解決すべき地域課題の明確化、その課題解決に必要な先端的サービスと技術、実現に必要な規制改革の内容、実現を推進するリーダーや実施体制などに関する知見が蓄積されていく、そのこと自体が重

表 3-2　スーパーシティの選定対象となる地域の条件

①	AIやビッグデータなどを活用しつつ、ひとつのデータ連携基盤を介して相互に連携させる
②	複数の最先端技術によるサービスを、実際の暮らしに実装させる
③	国家戦略特区制度を活用し、大胆な規制改革を進めることを目指す

要なアセットです。

対象となる地域については、表３－２に示すとおり、その地域の社会課題を解決することを目的とし、ＡＩやビッグデータなどを活用しつつ、複数の最先端技術によるサービスを実際の暮らしに実装するために大胆な規制改革を進めることを目指す地域となります。

地域の課題は人口の規模にかかわらずさまざまです。そのため、選定にあたって特定の規模を指定することは想定されていません。課題に対する各種サービスの社会実装において、どの程度の規模が適切かは事業の性質によっても変わることから、そういった点も加味して、総合的にエリアの選定が行われることになります。

また、エリア設定の単位については、単一の自治体、または自治体内の一部の特定のエリアとなることを想定しています。しかし、提供されるサービスの性質上、結果としてエリアが複数の自治体をまたぐ可能性もあり、こうしたケースを排除するものではありません。いずれにせよ住民その他の利害関係者の意向をふまえる必要がありますので、複数自治体にまたがるエリアの場合には、相応の連携・協力体制を敷くことが求められるでしょう。

提案主体は、都道府県、市町村いずれの場合もあると考えられます。ですが一般論として、サービスの対象範囲が広がるほど住民やその他の利害関係者の意向をふまえることは難しくなります。現実的には、市町村やそのなかの一部の範囲となるケースが多いのではないかと想定しています。

選定数は、事務局の対応能力等を鑑みて、年5カ所程度と言われていますが、今後の応募状況等によっては変わることもありうるでしょう。

なお、サービスの実現を担う民間事業者については、エリアの選定後、基本構想を策定する段階で公募等の手段により選定することが想定されています。どのような事業者がどの程度必要になるかを選定の段階である程度明らかにすることで、実現可能性の程度が判

表 3-3　有識者懇談会の最終報告書で提言された要件の候補

要件の候補
① 移動、物流、支払い、行政、医療・介護、教育、エネルギー・水、環境・ゴミ、防災、防犯・安全など少なくとも5領域以上をカバーする技術が生活に実装されること
② 複数の分野の規制改革を伴うこと
③ 住民その他の利害関係者の合意が得られる見込みがあること
④ スーパーシティの設計および運営全般を統括し、データ連携に精通する者（＝アーキテクト）が存在すること
⑤ さまざまなデータを分野横断的に収集・整理し提供するデータ連携基盤を整備すること
⑥ スーパーシティ間の都市OSの相互運用性が確保されること
⑦ 2030年の未来の暮らしを先行実現するため、先端的なサービスについて大胆な投資を行うことまたは呼び込むことが見込まれること
想定される指標
・エリア内における経済的社会的効果 ・「スーパーシティ」のエリアを越えた波及効果 ・プロジェクトの先進性・革新性等

断できるのではないかと考えています。

自治体や事業者の選定に関しては、特区諮問会議の調査・審議などのオープンなプロセスを経て行われます。

選定方法と基準

スーパーシティ対象エリアの選定プロセスについては、私の在任中および国会等での説明では表3-3に示す要件を満たす都市のなかから、可能な限り定量的な指標を活用しつつ、客観的な評価に基づいて検討を行うこととなっています。選定候補については、特区諮問会議など、有識者等の第三者が加わったオープンな場に諮り、透明性を確保しながら進めます。特区ワーキンググループも必要に応じて評価・選定の議論を行いますが、最終的には、各省に協議を図り閣議決定される政令により決定される流れとなります。

5 事業者の選定

事業者の選定・求められる要件

スーパーシティでサービスを提供する事業者は、エリア選定後に設置される区域会議の構成員として、公募により選ばれます。

選定にあたっては、各区域会議で実現を必要とするサービスの内容などを検討したうえで要件を定めて事務局となる内閣府が公募手続きを行い、区域会議の判断により選定されます。

区域会議には自治体の長および内閣府が必ず構成員として参画するため、事業者の選定は自治体と政府で主体的に行うこととなります。

なお、事業者の選定にあたり、海外事業者の流入を心配する方もいらっしゃるかと思います。住民に最新のサービスを提供するという観点からは、スーパーシティの構築後も、特定の技術で固定せず、競争環境を保つことで世界中のイノベーションの成果を取り込める状態を維持することが望ましいと思われます。そのため、安全管理基準や相互運用性に関する共通ルールの遵守以外には特段制約は設けず、国内外の事業者に競争していただくことが住民目線での利便性にかなうものとなるでしょう。

ただし、特定の事業者による独占や過度の依存は望ましい状態ではなく、必要に応じて随時施策の見直しや検証を行うことになっています。なお、データ・サーバの取り扱い、ローカライゼーション（国内設置）については第6章4で解説します。

データ連携基盤整備事業者の選定

データ連携基盤は、スーパーシティ構築にあたり基本となるシステムです。データ連携基盤の整備を担う事業者は、さまざまな先進的サービスの間で多種多様なデータの連携・活用を支える基盤の構築・運用を担う主体であり、これを可能にする技術力をもっていることが大前提です。

こうした技術力を備える事業者は限られていますが、制度上は実施主体を限定せず、それぞれの区域会議が公募等を行い、適切と認める者を選定します。多くの場合、自治体が実施主体となり、技術をもつ事業者が受託事業者となることが想定されますが、社団法人のような公的主体や民間事業者、エリアマネジメント団体のような地域住民組織が直接実施主体となることも考えられます。

当然ながら、データ連携基盤整備事業の主体には、データ連携基盤システムに関する安全管理基準の遵守と個人情報保護法をはじめとする法令の遵守、そしてシステムのAPIの公開（第6章3参照）も求められます。

システム調達の条件について

スーパーシティではAIやビッグデータなど、先端的なデジタル技術がふんだんに活用されることが見込まれます。

政府機関においては、「IT調達に係る国の物品等又は役務の調達方針及び調達手続に関する申合わせ」が適用されていますが、自治体・事業者においては必要に応じて別途調達手続きを定めているものと思います。

スーパーシティを構成するシステムの調達に関しては、前述の政府機関における申し合わせなど、政府横断的に採用されている基準・ガイドラインに準じた対応が望まれます。

セキュリティ対策なども含め、こうした点も区域会議で進捗や運営を管理していくことになります。

「アーキテクト」の設置

本法の成立に先立ってまとめられた有識者懇談会の最終報告書では、スーパーシティを実現させるための推進機関を設ける必要があること、そしてその実質的な責任者として、都市の設計や運営全般を統括する「アーキテクト」を置き、そのもとで創造力・機動性のある人材を起用して推進体制を築くことが重要であるとされています。

スーパーシティは、複数多分野にわたったデジタルサービスの実装を想定しています。そのため、それぞれが必要とするシステムの相互連携の全体像はかなり複雑なものになると考えられます。各事業者、サービスにおいても、おのおののシステムの責任者が設定されることと思いますが、これらをとりまとめる責任者、企業でいえば、システムと経営の両面を統括する最高情報責任者（CIO）のような立場が必要となります。スーパーシティで機能するさまざまなシステム、サービスがばらばらにならないように、その全体の連携をリードする専門家が「アーキテクト」です。

アーキテクトの権限や責任、そしてその根拠については今後検討が進められる予定ですが、スーパーシティ実現のための具体的な推進体制は一律に定めるものではなく、各エリアが目指す都市の姿や事業の内容に応じ、自治体・住民・事業者との合意の下、個別に判断されるべきだと考えます。実際には、各エリアの区域会議にて検討され、決定されることになるでしょう。

アーキテクトの身分は民間人であるケースが多いと想定されますが、民間人でなければならないということではありません。例えば、自治体組織のなかで情報システム責任者の地位を保持したまま、自治体主導で構築されるデータ連携基盤も含めたアーキテクトに就任するといったケースも可能性としてはあるでしょう。また、公的個人認証のようなしくみに通暁していないと全体の連携を保証できないということであれば、公的分野のバックグラウンドが多い方が候補となるとも考えられます。

それぞれの地域が解決を目指す課題が異なる以上、アーキテクトに求められる要件も、事業内容により大きく変わります。区域会議ではこの点に関しても十分に検討することが必要となります。

6 今後のスケジュール・取り組み目標と評価

想定されるスケジュール

前述のとおり、令和2年6月10日に政省令の案が了承されました。本案はパブリックコメントの募集後、夏頃を目処に国家戦略特区諮問会議にて区域指定基準を含む基本方針の改定案と区域指定作業スケジュールが出され、同年9月1日に本法、および政省令が施行されます。

その後、令和2年9月中を目途にエリアの公募が開始され、11月頃の締切が予定されています。そして年内に国家戦略特区諮問会議にて政令によってエリア選定がなされる見込みです。

なお、選定の時期は、各自治体の新型コロナウイルスへの対応状況を鑑みて設定されることになっています。

政省令の正式な確定は令和2年9月1日となり、詳細は内閣府の国家戦略特区ホームページ（https://www.kantei.go.jp/jp/singi/tiiki/kokusentoc/）で公開されます。

エリアの選定が終わり次第、ただちに各エリアで区域会議を組成して基本構想の立案に着手し、1年程度を目途に住民等利害関係者の意向を確認したうえで基本構想の認定を目指すという流れです。

基本構想が認定された後、法律に基づくデータの提供などを受けながらさらに詳細な事業計画の立案、複数の制度改革を同時に進めることとなります。


すでに住民のいるブラウンフィールド型では基本構想の認定から1～2年、まだ住民のいないグリーンフィールド型では3～4年程度でスーパーシティが完成し、サービスが開始できることを取り組みスケジュールの目安と当時は考えていました。

このスケジュールは、規制改革の実現も含め、最短で進んだ場合を想定しています。いずれにしても、取り組みの推進にあたってはしっかりとした基本構想の策定と住民等の意向確認を行ったうえで、地域の方々とも協力し、実現を目指していくことが大切です。

スーパーシティに課される目標と評価

前例のない未来都市をつくりあげるスーパーシティ構想ですが、取り組みとして進める以上、そしてわが国の国際競争力強化のためにも、目標の設定と評価が必要です。

スーパーシティはその大前提が、「住民が住みたいと思う、よりよい未来の社会・生活を包括的に先行実現するまち」ですから、住民目線による評価指標を立て、進捗やプロセスの成熟度を評価することが非常に重要となります。どのような項目を評価指標とするかは、選定された各エリアが基本構想を策定するなかで、住民満足度など、適切な評価指標を立てていくこととなります。この点については、区域会議に参画する内閣府もともに取り組んでいくことになります。

第4章

スーパーシティ構築を推進する支援策・予算措置

スーパーシティに必要となる設備・インフラ、そしてその構築のための補助や支援体制と、事業者に求められる姿勢について解説する。

1 スーパーシティの整備に関する補助

スーパーシティ構想への挑戦を考える自治体や企業などの皆さんにとって、事業を進めるための資金・ファイナンスに関する点は非常に関心の高いところでしょう。

地方創生、そして日本全国あらゆる地域で暮らす方のクオリティ・オブ・ライフ（生活の質）向上を目指すスーパーシティ構想を推進するにあたり、国では予算措置によるものだけでなく、相談体制やネットワークづくりの面においても充実した支援を行っていく体制をとっています。

わが国ではこれまでにも、各府省がそれぞれの視点から都市のスマート化に対して支援・補助を行ってきました。このたび成立した「国家戦略特別区域法の一部を改正する法律」（以下、本法）においては、新たに「国による援助規定」が設けられ、各府省の支援策の活用を紹介・促進するための手続きを基本方針に規定することが検討されています。

住民目線の最先端技術の社会実装を実現するため、国として、各府省の施策と十分に連携を図りながら支援していくことになっています。

データ連携基盤

スーパーシティの構築にあたり、各エリアで必須となるインフラが「データ連携基盤」です。

「データ連携基盤」とは、複数の先端的サービス間でデータを収集・整理し、提供するためのプラットフォームで、複数領域にまたがり、暮らしに実装するかたちで先端的技術の提供を目指すスーパーシティにおいて根幹のしくみとなります。

データ連携基盤は、通院予約と配車手配といったような複数領域にまたがったサービスを実現させることを目的に多種多様なデータを連携させるための基盤です。

「個人の重要なデータを一元管理する」という理解をされることもありますが、それ自体が膨大な個人情報を抱えるというものではありません。しかし、さまざまなデータを収集・整理するという性格上、情報セキュリティなどには高度な技術的対応が求められます。

また、民間ファイナンスの組成が困難な場合も多くあると考えられることから、データ連携基盤の設計・開発においては、内閣府が予算措置による支援を行うこととしており、その核となる部分の開発については内閣府が直接委託費等による支援を行うこととしています。

データ連携基盤を整備する事業者に対しては、政府が定める安全管理基準の遵守が求められます。また、政府では、情報の窃取・破壊・システムの停止など、悪意ある機能を組み込む恐れのある機器が利用されることのないよう、サプライチェーンリスク対策の強化に取り組んでいます。サプライチェーンリスクに関する具体的な対策として、各府省において特に防護すべきシステムとその調達手続きを定め、平成31（2019）年4月から運用を開始しています。スーパーシティの構築にあたっても、これらの手続きの遵守が求められます。

なお、データ連携基盤に関しては、令和2（2020）年度では3億円の予算が計上されており、APIカタログ（第6章3参照）や各選定エリア向けの開発支援サイト整備など、データ連携基盤の開発を支える支援環境の整備を行っていく予定となっています。各選定エリアのデータ連携基盤の設計・開発作業の具体的な支援に関しては、令和3年度以降となることが想定されています。

また、スーパーシティ選定の有無にかかわらず先進的なサービスに取り組む自治体などへの地方創生推進交付金や、新型コロナウイルス感染症対応地方創生臨時交付金（以下、臨時交付金）など、各省の支援スキームの活用も進めています。さらに、第二次補正予算においてスーパーシティ構想の早期実現のために追加された合計3兆円となった臨時交付金が活用できることとなっています。

ハードウェアインフラ

スーパーシティにおいては、データ連携基盤以外にもさまざまな設備・インフラの整備が必要となります。各先進的サービスや、施設・設備などのインフラ整備についても、地方創生推進交付金をはじめとした各府省の支援策を紹介・促進するための手続きを基本方針で規定し、体制を整えることになっています。

また、道路に埋め込むセンサー等の高度なハードウェアインフラや、データ連携に伴う新たなサービスの実装などについては、各地域の実情に応じて関係府省と連携し、必要な支援を行うことを検討しています。

一方、スーパーシティにおける居住地域や事業所の整備、それぞれのサービス展開に向けた設備投資については、通常の事業活動・ビジネスと同様に各事業者がそれぞれのビジネスモデルのなかで回収していくものとなります。

事業費の全体像

スーパーシティ完成までに必要な事業費は、それぞれのエリアの規模や内容にもよるため、一概に見積もったり定めたりすることはできません。最先端技術を地域住民の暮らしへ実装させることを念頭に置いた取り組みですから、数億円から数百億円単位まで、幅のある事業規模となることが想定されます。

後述するように、スーパーシティをつくりあげるためには、自治体だけでなく、民間事業者の参画も重要です。データ連携基盤や一部のハードウェアインフラなどは国からの補助も含めて開発しますが、地域の課題にあわせた個別のサービスは企業や金融機関等の投融資も活用したかたちが、現在想定されています（図4-1）。

「地方でスーパーシティを構築できるのか」という疑問をお持ちの方もいらっしゃるでしょう。しかし、スーパーシティは日本の各地域が抱える課題をまちづくりという観点か

図 4-1　令和 2 年度以降のスーパーシティ事業費のイメージ

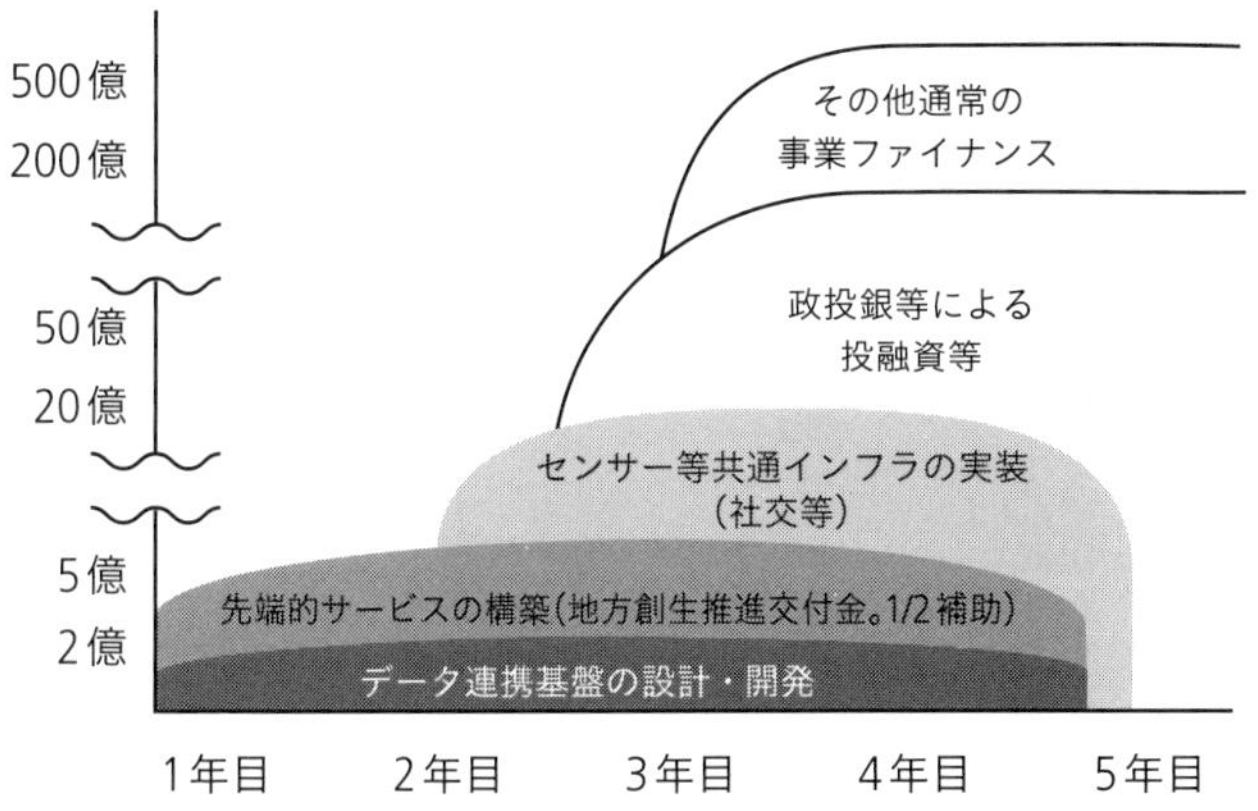

標準的な市町村（人口 10 万人）を想定。グリーンフィールド型。ただし、住宅や道路などのインフラで、スーパーシティであるかどうかにかかわらず、必要な費用は除く。データ連携基盤を基に、自動運転、遠隔教育、ドローン配送、遠隔診療、AI を搭載したロボット、スマートゴミステーション、スマートグリッド等の先端的サービスを構築すると仮定。導入するサービスや規模等により、額は変動しうる

ら解決することを狙った政策であり、その対象には、人口減少や高齢化という課題に悩む、多くの地方都市も含まれます。人口減少や高齢化はこれらの地域に共通した課題であり、スーパーシティで地域の課題解決に実績を挙げることができたとき、それを横展開させることができれば、その最先端技術の事業性を拡大させることにもつながります。

こうした横展開を助けるため、本法ではデータ連携基盤に接続する際の仕様の公開が義務づけられています。ある地域で成功した取り組みが他地域での課題解決にも資するよう、連携・展開しやすくすることを企図したものです。

2 知見の共有・意見交換等の支援体制

スーパーシティ・オープンラボ

第2章で国内外のさまざまな取り組みをご紹介しましたが、前例のない未来都市・スーパーシティをつくりあげるためには、さらなる知見の集積・共有が必要です。

図 4-2　「スーパーシティ・オープンラボ」Facebook ページ

分野間データ連携
スーパーシティ・オープンラボ
政府機関
メッセージを送信
ホーム　レビュー　動画　写真　その他
いいね！
情報
すべて見る
このアカウントは「スーパーシティ・オープンラボ」の公式アカウントです。内閣府地方創生推進事務局国家戦略特区担当が運営しています。
1,020人が「いいね！」しました
1,348人がフォローしています
https://www.kantei.go.jp/jp/singi/tiiki/kokusentoc/
03-5510-2463
メッセージを送信
政府機関
投稿を作成
写真・動画　チェックイン　友達をタグ付け
スーパーシティ・オープンラボ
6月3日 18:00
~【アイディア公募】「スーパーシティ」構想の実現に向けた、技術アイディアを募集します~
令和2年6月3日、「スーパーシティ」構想の実現に向けた制度の整備などを盛り込んだ「国家戦略特別区域法の一部を改正する法律」が公布されました。
内閣府では、第四次産業革命における最先端技術と大胆な規制緩和により、未来社会を先行実現する「スーパーシティ」構想の実現に向けたデータ連携基盤整備事業の実施に向けて有益と思われる技術アイディアを、「データ連携基盤」に関わる技術をお持ちの企業・団体等の皆さまから募集する「技術アイディア公募」を実施いたします。
詳細は、公式ウェブサイトをご確認ください。… もっと見る

令和 2 年 6 月 3 日閲覧

内閣府では、スーパーシティ構想への挑戦を考える自治体・事業者に向け、情報共有やネットワークづくりの支援を目的に、「スーパーシティ・オープンラボ」をＦａｃｅｂｏｏｋ上で運営しています（図４−２）。令和２年６月の時点で１２４の団体が登録しており、ここでは、スーパーシティのアイディア公募に応じた自治体と、スーパーシティ・オープンラボへの参加事業者との間で、各地域の検討状況の共有などが行われています。

スーパーシティ構想に関連する知見や技術をもつ企業によるバーチャルの展示ブースも出展されており、知見の収集に困難を感じている自治体と事業者の間の橋渡し役を担うコミュニティでもあります。今後スーパーシティを目指す自治体が、自らのまちに必要となる知見や技術に関する情報に簡単にアクセスすることのできる場です。事業を検討する自治体関係者の方々は、ぜひご覧いただきたいと思います。

意見交換による支援

また、いままでも内閣府が、希望する自治体に対して複数回にわたり意見交換の機会を設け、他の自治体での取り組み例の紹介なども含め、スーパーシティ検討の全面的な支援を行っているのですが、本法施行後は、内閣府も選定エリアの区域会議の一員となってともに取り組み内容を検討していくことになります。いずれにしても、スーパーシティを志す地域を支える施策は充実させていかなければなりません。

3 事業者に求められる継続可能なビジネスモデルの構築

スーパーシティでさまざまな先端的サービスを提供するためには、民間事業者の力も重要な要素となります。

前述のとおり、データ連携基盤等、民間ファイナンスの組成が困難なものについては、内閣府の予算措置による支援が行われることとなりますが、各地域の課題に対応した個別のサービス・事業の構築にあたっては、通常の事業活動と同様、継続可能なビジネスモデルを開発していただく必要があります。

つまり、それぞれの地域の課題に対応したかたちで、住民の暮らしのなかに最先端技術を実装させるという技術的な妥当性に加え、継続的に事業を行えるビジネスモデルを組み立てることが求められます。

各事業者の採算性などについては、区域計画とその評価を通じ、不適切なものとならないよう、国がしっかりと監督していくことになります。

第5章

基本構想の策定と住民合意・参加

各エリアの構想の核となる「基本構想」。構想策定にあたり、地域住民の意向と合意をどのように確認するのか、参考例とともに解説する。

1 基本構想の策定

「国家戦略特別区域法の一部を改正する法律」（以下、本法）では、スーパーシティに選定されたエリアが規制を所管する省庁に新たな規制の特例措置を求めるにあたり、住民その他の利害関係者（ステークホルダー）の意向をふまえた「基本構想」の提出を求めています。

これは、内閣府が規制を所管する省庁へ規制の特例措置を求めるにあたり、住民等の意向が反映されていることを示すためのものであり、住民等の意向が十分にふまえられていないと判断されれば、新たな規制の特例措置を求めることはできないこととなっています。

同時、一括、迅速な規制改革のために

スーパーシティでは、AI（人工知能）やビッグデータといった最先端技術を活用した複数分野にわたる先端的サービスが同時に実装されます。これを実現するために必要となる規制改革も必然的に多分野・多領域にわたります。従来の規制改革では、事業計画の検

図 5-1　従来型の検討

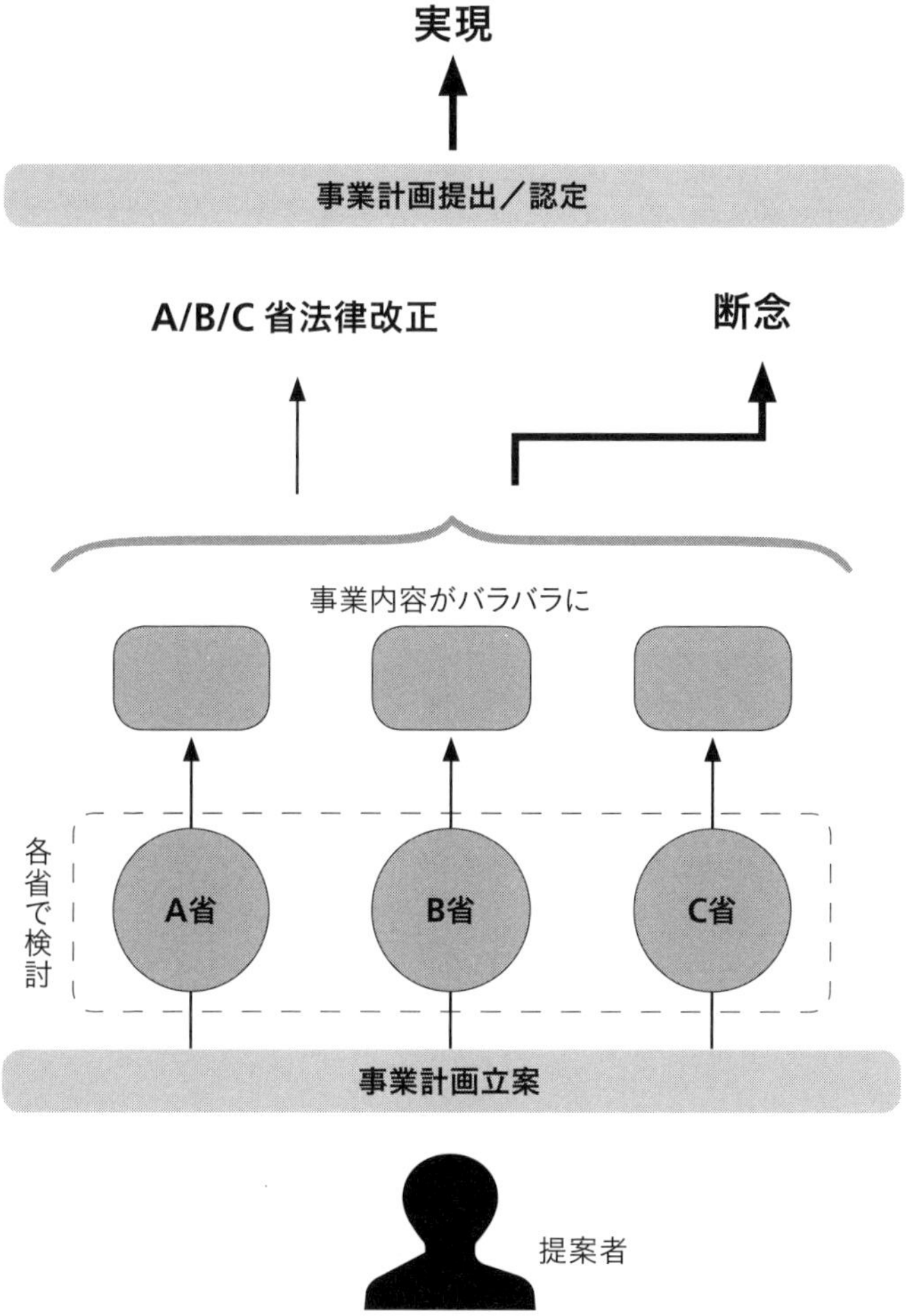

実現
事業計画提出／認定
A/B/C 省法律改正
断念
事業内容がバラバラに
各省で検討
A省
B省
C省
事業計画立案
提案者

討中に各省が調整を行っていました。そのため非常に時間がかかり、個別に内容の修正を受けるような事態も多く発生します。また、検討の段階でかなり多くの事業が断念されることにもなっています（図5－1）。

このようなプロセスに、一体的解決を必要とする複数の規制改革案を持ち込むと、その事業計画案も各省との調整を図るうちにばらばらになってしまい、一体的な実現の見通しはなかなか立たなくなってしまいます。

そこで本法では、事業計画の立案段階から内閣府も加わり、実現すべき複数の規制改革を含む事業内容全体を一体的に作成することとしています。こうして作成された事業計画案は、各種規制所管省との調整前の段階で、オープンなかたちで検討の俎上に載せられ、「こういうまちをつくる」という全体像を示すことになります。これが、スーパーシティにおける「基本構想」です。

そして、その事業計画の案と実現に必要な特例措置の提案については、特区の制度を担当する大臣と内閣総理大臣が一体的に受け取ったうえで、各規制所管大臣に対し必要な特例措置の可否について検討を要請することになります（図5－2）。

図 5-2　スーパーシティ型の検討

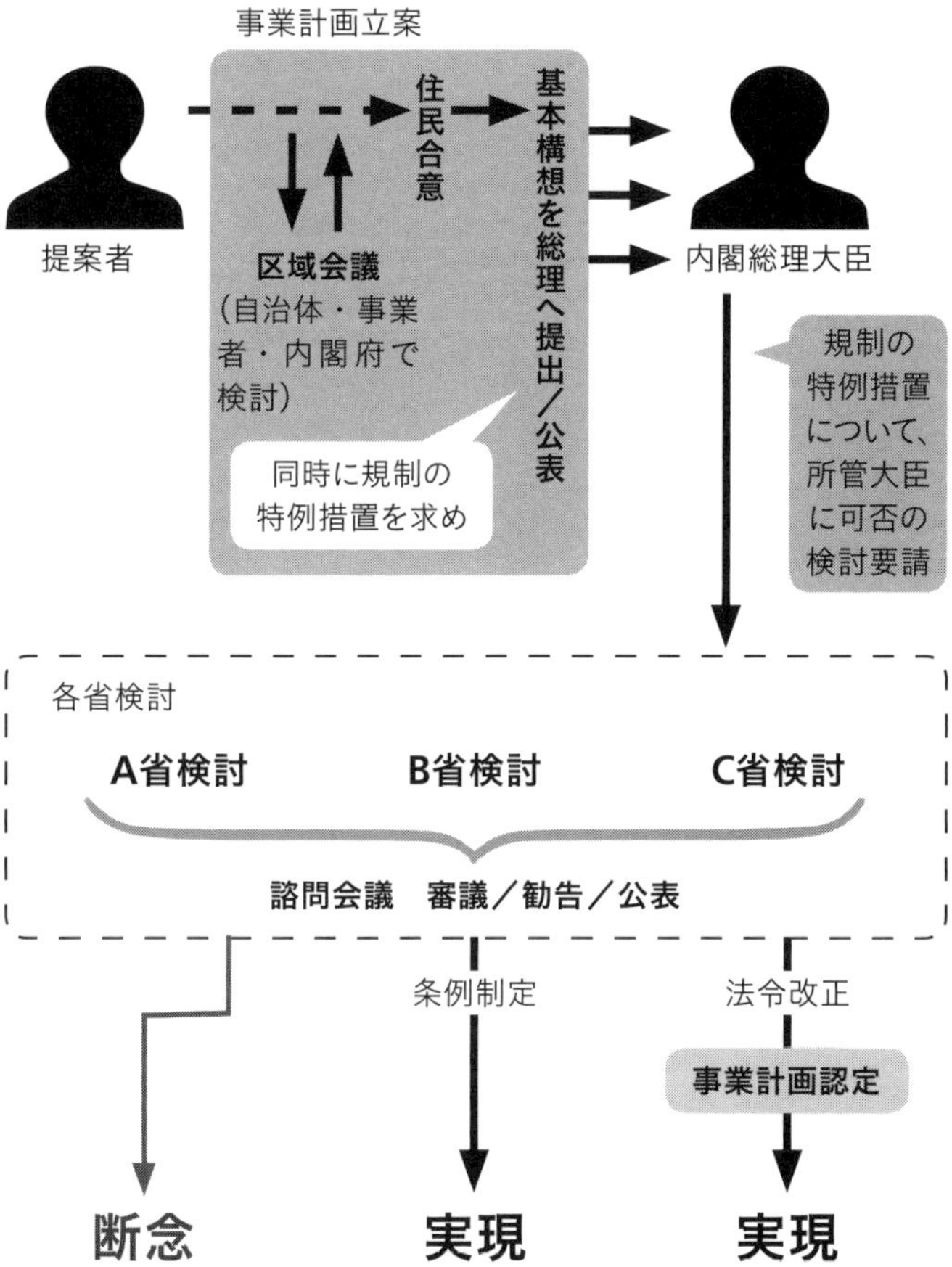
事業計画立案
提案者
住民合意
基本構想を総理へ提出／公表
内閣総理大臣
区域会議
(自治体・事業者・内閣府で検討)
同時に規制の特例措置を求め
規制の特例措置について、所管大臣に可否の検討要請
各省検討
A省検討
B省検討
C省検討
諮問会議　審議／勧告／公表
条例制定
法令改正
事業計画認定
断念
実現
実現

これは、いままでになかった枠組みであり、各規制所管大臣が判断を行うにあたっては、事前に必ず特区諮問会議の意見を聞かなければならないということになっています。また、特区諮問会議は必要に応じて規制所管大臣に勧告を行うことができ、その内容もすべて公表されます。こうした一連のプロセスも、これまでになかったものです。

住民目線の構想を

基本構想の認定にあたっては、各エリアの住民の皆さんの意向を十分ふまえたものになっているかどうか、特区諮問会議など、外部有識者も加わったオープンなプロセスのなかで調査・審議されることになります。制度上、都合のよい者だけを集めたような場のみで住民合意をとったこととするのは困難であり、その地域の住民の意向をきちんとふまえたうえでありたい未来・あるべき未来を描き、その実現に向けて動きやすいしくみになったのではないかと考えています。

スーパーシティに選定されたエリアで本当に皆が便益を享受できるのか、例えばスマートフォンを持たない方は便益を受けられないのでは、との懸念もあるでしょう。

本書で繰り返しお伝えしているように、スーパーシティ構想は地域の社会課題を解決し、住民のクオリティ・オブ・ライフ（生活の質）を高める未来のまちづくりを目指したものです。暮らしに不便を感じることが多いであろう高齢者や、障害のある方の課題を解決することも、スーパーシティの大きな目標のひとつです。

そのため、こうした方々がいかに使いやすく、対応しやすいかたちで最先端技術を普及させていくかという点も、基本構想の策定時には問われることになります。

2 住民の合意の形成・意向の確認

基本構想の策定にあたっては、その地域の抱える社会的課題をきちんと把握し、そこから将来ありたいまちの姿を具体的なかたち・事業に落とし込んでいくことが重要です。その際、規制の特例を求めることが、地域に暮らす住民や、その他のステークホルダーの共同の福祉や利便増進に本当に貢献できることなのかどうか、関係者の意向をあらかじめ確認しておかなくてはなりません。

本法における「住民合意」とは、住民等関係者の意向の確認を証する書面という法令用語上の表現であり、「意見が一致する」という辞書的な合意とは少々意味合いが異なります。まちのあり方については、多様な立場からさまざまな意見が出ることが想定され、完全な意見の一致というのは難しい場合も多いでしょう。スーパーシティに選定されても、合意が得られずに構想が頓挫してしまうのでは、と心配に思われる方もいらっしゃるかもしれません。

住民等関係者の意向の確認は、内閣府が各省庁に対して規制の緩和を求めるにあたり、各エリアの基本構想が提案する事業計画自体の実現可能性を確認するための措置の一環として行われるもので、この確認行為自体は事業の執行に直接的な影響を与えるものではありません。しかし、法に基づき提出された書面で住民等関係者の意向を内閣府で確認した結果、不十分であると判断された場合には、規制の特例措置の求めは行われないことになります。

意向をふまえる方法については、法律によって一律に決めるのではなく、事業の性格に応じ、各エリアの区域会議が選択します。

表 5-1 国家戦略特別区域法施行規則（案）

第三十条（略） 2・3（略） 4　国家戦略特別区域会議は、国家戦略特別区域法第二十八条の四第一項の規定により同項に規定する区域計画又は認定区域計画の変更の案を作成しようとするときは、あらかじめ、先端的区域データ活用事業活動を実施する区域の住民その他の利害関係者の意向を踏まえるため、次の各号のいずれかに該当する措置を講ずるものとする。 一　国家戦略特別区域会議の構成員及び当該区域の住民その他の利害関係者の代表者で組織される協議会の議決 二　当該区域に係る議会の議決 三　当該区域の住民の投票 四　その他国家戦略特別区域会議が適切と認める方法 5　国家戦略特別区域会議は、前項の措置を講じるに際し、事前に、説明会の開催等により、当該区域計画又は認定区域計画の変更の案の内容について説明を行うものとする。

会議の構成員は次の通り。議長・内閣総理大臣、議員・財務大臣 兼 副総理、内閣府特命担当大臣（地方創生、規制改革）、内閣官房長官、内閣府特命担当大臣（経済財政政策）兼 経済再生担当大臣、有識者議員・秋山咲恵氏、坂根正弘氏、坂村健氏、竹中平蔵氏、八田達夫氏

事業の主体が個人データそのものを取り扱うようなものであれば、個人の同意を束ねることが必要になるでしょうし、都市計画事業に近いものであれば、都市計画手続きに準じた手順をふんでいるかということが問われるでしょう。住民にとって選択肢のない、市が提供する公共サービスのような事業であれば、議会の議決のようなものでもよいかもしれません。それぞれの事業の性格にあわせた意向の確認の方法を地域ごとに選択し、方法も含めて意向の確認を行うべきでしょう。国家戦略特区諮問会議で了承された確認方法の案を表5-1に示します。

本法では、規制の特例措置を同時・一括・迅速に進められることが特徴です。内閣総理大臣が基本構想を認定した後、集中的な規制改革の手続きを各省庁に要請する際に、そもそも地域の関係者から反対があるという状態で手続きを進めるわけにはいきません。集中的に、スピーディーに規制改革を図る前提として、住民合意のステップを経る意義があります。内閣府もこの区域会議の構成員となり、自治体とともに住民の意向をふまえた計画策定にかかわることとなります。

合意形成の参考例

地域住民の合意形成について、いくつか例をご紹介しましょう。

兵庫県篠山市では、「篠山市」から「丹波篠山市」への市名の変更に際して、住民投票を行っています。市名の変更について、「篠山市住民投票条例」に基づき選挙人名簿登録者5分の1以上の署名により住民投票を実施、賛成多数により「市の名称を変更する条例」案が市議会に提出・可決され、「丹波篠山市」の市名が施行されました。

また、香川県高松市では総合的なスマートシティ推進を目指し、産官学による「スマー

表 5-2 住民等の意向確認・合意の方法の例

事業内容	意向をふまえる方法	参照すべき合意方法
スマホ呼び出しによる自家用有償運送サービス	自治体・既存のタクシー事業者・住民間での合意	道路運送法では、自家用有償旅客運送の実施には、自治体・既存のタクシー事業者・住民間での合意が要件とされている
民間事業者の運営による完全遠隔教育	・議会の議決 ・保護者への説明	特区法の学校教育法の特例（公立学校運営の民間への開放）では、民間事業者の指定には、議会の議決が必要とされている
過密住宅街でのドローン宅配	対象エリア内の住民個別の同意	・民法では「土地所有者の権利はその上下に及ぶ」という空中権の規定があり、無許可で第三者の土地の上空にドローンを飛ばすことはできない ・茨城県つくば市では、国、警察、飛行ルート沿いの住民から了承を得て、歩行者の安全も確保したうえで、住宅街でのドローン宅配の実証実験を実施

トシティたかまつ推進協議会」（会長：高松市長）が関係者によるワーキンググループや住民説明会を開催、合意形成を図りながら対策を進めてきました。現在では、IoT共通プラットフォーム（データ連携基盤）を構築し、交通・福祉・防災・観光等に関する総合的な地域課題の解決を進めています。

さらに、兵庫県加古川市では、市内での見守りサービス導入にあたり、住民説明会やアンケートを用いた合意形成を図ってきました。同市では、犯罪件数の増加や認知症高齢者の行方不明増加などを背景に、市内各所に見守りカメラとリアルタイムの通信システムを導入しています。導入に際しては、市内各地でオープンミーティングを開催、説明会・アンケートを実施し、住民の合意を確認して導入に至っています。この過程で出た住民の意見を反映し、プライバシーへの配慮もなされています。

このほか、表5－2に示すような意向確認の方法が考えられます。エリアで実施する事業の性質を鑑み、類似ケースでの対応なども参照しながら、適切な方法を考えていただきたいと思います。

どのように住民等の意向をふまえるか

住民の方々をはじめとした関係者の意向をどうふまえるかは、それぞれの地域で行われる事業の性質により変わってきます。

例えば、グリーンフィールド型の開発で、まだ住民がいない、という状況も考えられます。そのような地域においては、新たに住民が入居する際に、スーパーシティ構想に参画する意向を確認したうえで入居してもらう、という方法が想定されます。

また、エリア内で一律に生体認証を適用したり、現金での取引を認めなかったりというように、結果的に住民等の選択の自由を制限するようなプランがある場合はどのように住民の意向を把握すべきでしょうか。このようなケースでは、次の3点を考慮し、住民の意向をふまえる方法を決定しなければなりません。

①特定エリア内で一律に適用される事業を実施する場合
→事業開始前に対象エリア内の住民個別に同意を求める。

②当初予定していた事業に加え、新たな事業を追加実施する場合
→特定比率（例：5分の4）以上の同意を条件として追加実施する。必要に応じ、同意しない者に対し、条件を整えたうえで、退去いただく。

③区域外からの訪問者に対しても事業が適用される場合
→区域の入り口で個別に同意を求める。

既存のまちのなかに新たな技術・サービスを導入する場合は、原則としてその条件に同意する方を対象にサービスを提供することが想定されます。政府としては、現状すでに居

表 5-3 個人の自由を制限する可能性のある事業における意向確認の参考例

事業例	根拠	概要
土地区画整理事業	土地区画整理法 第18条	土地区画整理組合を設立するには、区域内の宅地所有者と借地権者のそれぞれ3分の2以上が事業計画に同意することが必要
	同法 第25条	土地区画整理組合がいったん設立されると、事業計画に同意した所有者・借地権者だけでなく、事業計画に反対した所有者・借地権者も強制的に組合員とされる（いわゆる強制加入方式）
	同法 第77条、78条	施行者は、建築物等の移転・除却をはじめる期日を、所有者に通知し、移転・除却する意向の有無を伺い、換地先に移転するのに通常必要な費用を補償しなければならない
区分所有権建替え（マンション建替え含む）	建物の区分所有等に関する法律 第62条	建物の建替えには、建物の区分所有者及び議決権のある各5分の4以上の多数が必要
	同法 第63条	建替えに参加しない者に対し、区分所有権を時価で売り渡すことを請求することができる
	同法 第64条	建替えに賛成した者、建替えに参加する者、区分所有権を買い受けた者は、建替えの内容に合意をしたものとみなされる

住している方の同意なく、強制的に特定の技術の使用を義務づけることは想定していません。万が一、事後的に、住民全員に特定の技術の使用を求めるようなメニューの追加を行うことになる場合は、追加される技術の内容に応じ、適切な意向確認の方法を区域会議で改めて検討することが必要となるでしょう。当該の技術の使用が難しいという合理的な理由がある場合、その技術を使用しなくても済

むような選択肢を用意しておくことも、対応のひとつとして当然考えられます。
また、事業によっては、住民の方々の選択の自由を制限するものである一方、区域全体でみたときには効用を高め、土地の価値を高める性質をもつものも存在します。このような性質の事業については、表5－3に示すような既存の法律における手法も参考にすることができるでしょう。

また、構想立案に参画する事業者においては、住民に求めるサービスの利用料金の設定も重要な課題です。料金設定が高すぎれば事業の継続性に影響がでて、安定的なサービス提供が行えません。継続可能性を確保したうえでのサービス設計が求められますし、基本構想やその後の具体的な区域計画策定の際に、区域会議にて住民等の意向をふまえつつ検討・設計を進めていかなくてはなりません。

住民の意向・合意の確認をどの段階で行うか

住民の意向・合意を確認するタイミングについては、大きく2つの考えがあります。

ひとつは、内閣総理大臣の認定を申請する前の段階です。本法第二十八条の四、二項にあるとおり、各区域会議は、規制の特例措置を求めるために内閣総理大臣に申請を出す際には区域の住民その他の利害関係者の意向をふまえなければならないと定められています。それぞれの事業に即した適切な方法を用いて、住民を含めた関係者等の意向確認を行うことは法律上の規定に基づき必ず行わなければならない手続きです。

もうひとつは、通常の区域会議のなかに、住民の代表にも加わっていただき、基本構想や区域計画をともに練っていく方法です。区域会議の構成員に住民の代表を必ず加えなければならないという規定は法律上ありませんが、前述のとおり各エリアの区域会議には内閣府がその一員として加わりますので、実際の運用として、計画立案の段階から、住民の代表に加わっていただくという方法も想定されています。

3 区域会議構成員の選定基準・プロセスの公開

区域会議の構成員は、法律の規定に基づき、公募により選定されます。公募により選ばれた事業者が国や自治体とともに基本構想の検討を始めるということになります。

選定基準については、今後決定される基本方針のなかに規定される予定で、各省庁との協議のうえ設定され、公開される前提となっています。

また、区域会議での選定にあたっての議論についても、ルールに則り、通常の区域会議の議事要旨等と同様に公表される運びです。

第6章

地域主体で決めるデータの活用

スーパーシティで提供される多様なサービスの肝となるデータ。その取り扱いについて、関係法令や安全管理基準等のルール・規則を解説する。

1　データの取り扱いの基本的考え方

スーパーシティで提供されるサービスには、医療や金融に関するものなど、さまざまな個人データが活用されることが想定されています。地域の課題を解決する利便性の高いサービスを実現しつつ、これらのデータをいかに安全に扱うかが問われます。

個人情報については、以前から、他のサービス分野との連携の有無にかかわらず、個人情報保護関連の法令でその取り扱いが定められています。

スーパーシティでも、各サービスの事業者とデータ連携基盤整備事業者に対し、これまでと変わらず、個人情報関係の法令の徹底遵守を求めます。加えて、各サービスが保有するデータの連携・活用を進めるためのデータ連携基盤の安全管理については、政府が定めた安全管理基準と同等の対策の実施が義務づけられます。

データの扱いについて、最も重要なことは、「何のためにそのデータを使うのか」という目的をはっきりさせることです。

これはデータの扱いに限りませんが、データや技術を何のために使うのか、使うことでどういった課題を解決したいのか、という点を、住民の皆さん含め、関係者全員の合意をもって進めていくことが重要です。地域で解決したい課題は何なのか、それをどういう手段で解決するか、そのときデータはどう扱うか、という根本を十分に議論してから前に進めることが大切です。

データ連携基盤におけるデータの扱い

スーパーシティで提供するサービスにかかわるデータを収集・整理する役割をもつ「データ連携基盤」ですが、これは必要なときに必要なデータを連携・活用するものであり、基盤自体がデータを一元管理することはありません。つまり、データ連携基盤自体が大量の個人情報をもつのではなく、必要なときに、必要な内容のデータをサービス提供元につなげるというしくみです。

データ連携基盤においては、主に次の2つの段階でデータが使用されることが想定されています。ひとつは、基本構想などの計画立案の段階。もうひとつは、実際のサービスの提供段階での使用です。

前者に関しては、特に事業計画の策定時に、匿名化された大量のデータを分析用として使うことが考えられます。この点については、基本計画や基本構想を練る段階で、どのようなデータに基づいて何をするのかということを開示しながら、データを使用していただきます。

また、日々データの連携・共有を行うサービスにおいては、基本的には各サービス事業者が必要に応じてオプトイン（ユーザーの明示的許諾・同意）形式によって得た個人情報を用いて連携・共有するということになります。

このしくみを実現するためには、技術的にいつでもすぐつながるようにしておかないとならないため、データ連携基盤ではデータの相互運用性を確保することと定めています。

令和2年6月10日の国家戦略特区諮問会議では、都市間の相互運用性の確保についてデータ連携基盤整備事業者が遵守すべき基準の案を、次のように示しています。

- ＡＰＩの仕様、取り扱っているデータの種類や内容及び形式、その活用に伴う規約などを公開する
- その公開方法はインターネットによる

・データの提供に関し、不当に差別的な取り扱い等を伴う条件を付してはならない　など

2　個人にかかわるさまざまなデータの扱い

個人情報保護法の適用

前述のとおり、スーパーシティでも、各サービスの事業者とデータ連携基盤整備事業者に対しては、個人情報関係の法令の徹底遵守が求められます。

改正個人情報保護法では、附則において3年ごとの見直しが定められています。現在、これに基づく見直しの結論をふまえた改正法案が提出されているところで、附則においては、国際的動向、情報通信技術の進展、新産業の創出・発展の状況等を勘案するとされており、法の1条・目的では、個人情報の有用性に配慮しつつ利用する、個人の権利・利益を保護するという観点からの見直しがなされています。

また、改正案では、欧州連合（ＥＵ）で平成30（２０１８）年5月から適用された「一

般データ保護規則」（GDPR）のような国際的動向をふまえ、個人情報に関する本人の関与を強化するという観点から、利用の停止、消去などといった請求権の要件の緩和という事項も含め、罰金の見直しなども考慮した内容となっています。

GDPRに関しては、令和元（2019）年1月に欧州委員会から個人データの越境移転に関する十分性の認定の決定を得ています。多少の違いはあるものの、日本の個人情報保護法がGDPRと実質的に同等であるという決定だといえるでしょう。

個人情報提供の同意について

個人情報保護法上、または、自治体によっては条例で定めるところにより、例外的に個人情報の提供が認められる場合もありますが、スーパーシティの導入前後でルールが変わること、スーパーシティであるから運用が変わるということは想定されていません。

「特別な理由」がある場合について、提供できるケースの運用がゆるむのではないかという懸念をいただくこともありますが、現状、「特別な理由」とは相当の公益的な事情がある場合となっており、その公益性についてはかなり厳しくみられることになるでしょう。スーパーシティだから緩和する、スーパーシティだから変えるということは、基本的に想定されていません。

繰り返しになりますが、データ連携・共有をどのように進めるかは、区域会議に住民の代表に加わっていただいたうえで議論を行い、基本構想においてその連携・共有のあり方を決めていくことになります。

「データ提供の求め」（後述）も区域会議の主導の下でデータ連携基盤整備事業者が行うことを想定しています。いずれにせよ、住民の皆さんの意向に反するようなデータの提供の求めや、「特別な理由」を無理にゆるめるような運用を求めることなく、現行法制の運用のなかで進められるよう、区域会議の一員である内閣府自身がしっかりとサポートしていくべきなのです。

匿名加工情報・同意を要する個人情報の扱い

事業計画の立案段階においては、「人の流れに関するデータ」のニーズが、観光サービスや公共移動サービスの設計といった観点から、求められることが多いようです。内閣府が行っているアイディア公募においても、事業計画の立案や事業性の測定などのため、公共・公的機関が保有するこういったデータを匿名のかたちでもよいので開示してほしいという声があります。

また、例えば通院予約と配車予約を連動させるようなケースでは、通院予約と配車予約それぞれのシステムがもつデータを必要なときにお互い見せあえばよいということになりますが、それぞれで利用者本人の同意を得たうえで、そのつどデータを連携・共有し、迅速に通院と配車とが実現するような運用を図っていくことになります。場合によっては、両社がもつデータを相互利用するという可能性がまったくないというわけではありませんが、もしこれが個人情報であり、その利用に該当するのであれば、それが個別のサービス提供者であれデータ連携基盤整備事業者であれ、個人情報保護法に基づく手続きに従って取り扱うことが求められます。この点についても誤解なく理解いただけるよう、区域会議で十分な説明が必要でしょう。

個人情報の第三者への提供

改正個人情報保護法もしくはその関連法規、および条例に基づく第三者提供のルールについても、データ連携基盤整備事業者・サービス事業者、そしてスーパーシティと関係ない事業者であっても、皆同じ基準の下で判断され運用されます。

仮に、民間事業者がデータ連携基盤整備事業者となった場合でも、個人データの第三者提供がある場合は、その他の場合と同じような規律の下で、本人同意等の手続きを経たうえで提供が行われることを想定しています。

また、改正個人情報保護法では、①トレーサビリティの確保、②オプトアウト（ユーザーの事前承諾なし）原則の厳格化が図られ、第三者提供の際の条件が強化されました。これは、複数のデータを相互に組み合わせることで本人が特定されてしまう「名寄せ」への対策となっています。

スーパーシティだからといって、個人情報提供のルールがゆるくなるということはないと考えていますが、内閣府が区域会議の一員となる制度ですから、不適切な運用にならないよう見守っていく責任があるのは言うまでもありません。

要配慮個人情報の取り扱い

医療分野における要配慮個人情報など、機微データの扱いはどうでしょうか。

改正個人情報保護法では、「本人の人種、信条、社会的身分、病歴、犯罪の経歴、犯罪により害を被った事実その他本人に対する不当な差別、偏見その他の不利益が生じないようにその取扱いに特に配慮を要するものとして政令で定める記述等が含まれる個人情報」が要配慮個人情報として新たに類型化され、本人同意を得ない取得を原則として禁止するとともに、オプトアウト手続きによる第三者提供を認めていません。

同様に、スーパーシティにおいても改正個人情報保護法に基づき、機微データについては一段厳しい規律の遵守を求めます。

マイナンバーの扱い

マイナンバー制度は、例えば令和2（2020）年9月開始予定のマイナポイントによる消費活性化策や、本格運用が予定される健康保険証としての利用など、普及・利用のための方策について関係省庁間で積極な連携が進んでおり、令和2年通常国会には、希望者のみにマイナンバーと預金口座などの情報をつなぐ議員立法が自民党他から提出されました。

スーパーシティの内部であっても、マイナンバー法でその利用が認められているものであればその手続きに従って使用が可能ですし、認められていなければ使えないということになります。そういう意味では、マイナンバー法が認めないようなデータの共有対象になることはありません。

一方で、スーパーシティとして選定された地域の方から、マイナンバー法の制度改正を行ってでもデータを使いたいという要望があれば、それ自体を規制改革の一事項として取り上げ、関係省庁等との議論のうえでその是非について検討することになるでしょう。

3 地域の課題に沿ったシステム開発のために

各種先進的サービスについては、それぞれの地域で解決すべき課題が多様であり、それらのニーズに応えるためのシステムを柔軟に開発できるよう特段の技術的制約を設ける予定はありません。しかし、必要な法令の遵守は当然であり、仮に守られなかった場合には各法令の規定に基づき事後的対応がとられます。

APIの公開による効率的なシステム開発

スーパーシティにおけるデータ連携基盤においては、実施主体が満たすべき基準として、

API（アプリケーション・プログラム・インターフェイス）の公開が政令で定められます。

APIとは、異なるソフトウェア間で機能を共有するための、プログラムとプログラムの接続仕様のことで、APIが公開されていれば、開発者は一から新たなプログラムを開発することなく公開済みのプログラムの機能を利用して開発を行い、互いの機能を利用し合うことが可能となります。

例えば、ある地図ソフトのAPIが公開されていれば、別の開発者はそのプログラムを取り込んで、自分の別のプログラム（レストランのサイトなど）に、地図の機能を加えることができます。

データ連携基盤に対しては、その基盤を通じた他のサービスとのデータ連携・活用を可能とするために、最低限必要となるAPIの公開を義務づけます。具体的には、内閣府で各データ連携基盤が活用しているAPIをまとめた「APIカタログ」を作成して公開し、技術的なアドバイスが必要な際には、APIカタログ事業として指導・助言を行います。

図 6-1　API の開放度の類型

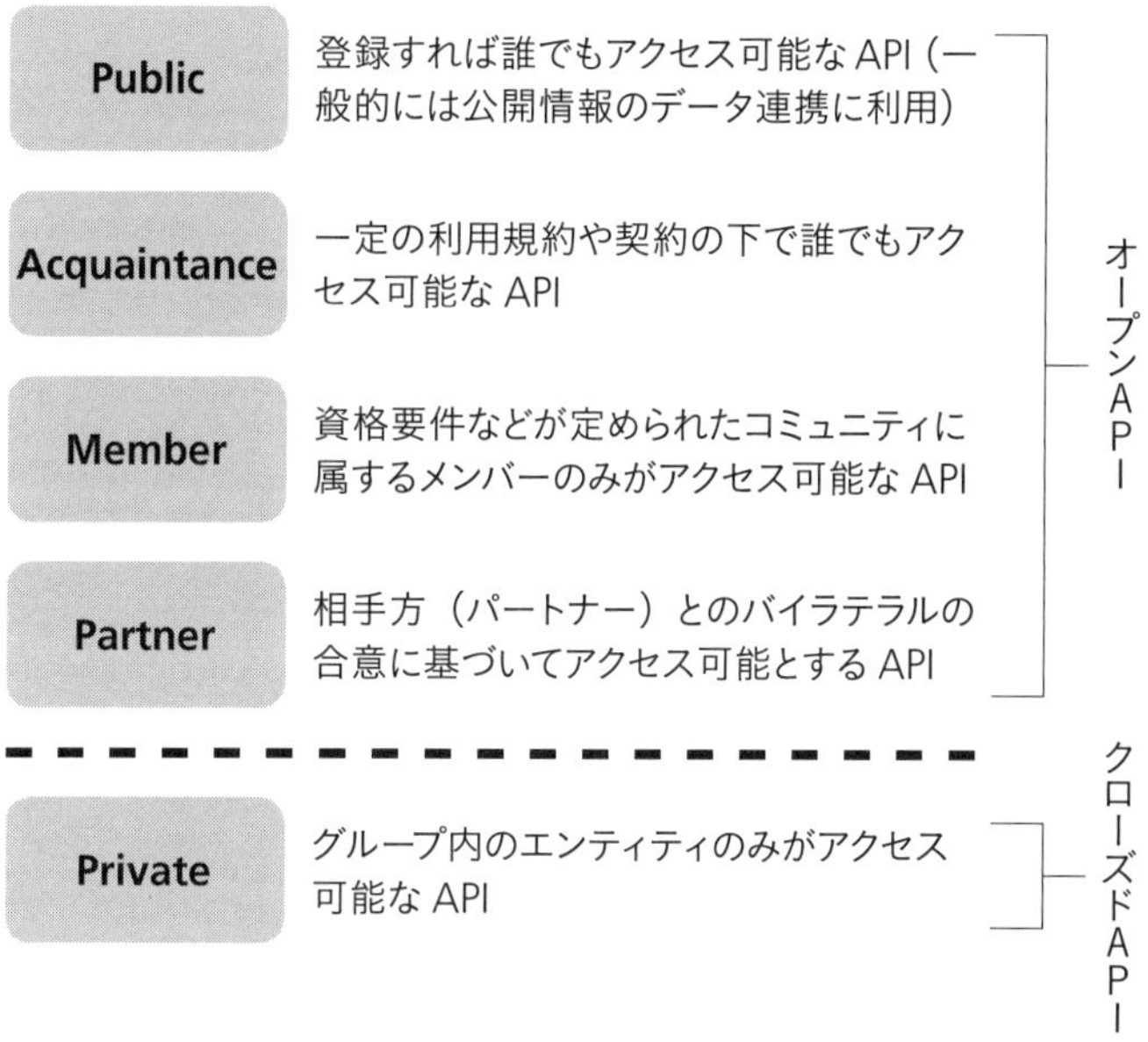

Public
登録すれば誰でもアクセス可能な API（一般的には公開情報のデータ連携に利用）
Acquaintance
一定の利用規約や契約の下で誰でもアクセス可能な API
Member
資格要件などが定められたコミュニティに属するメンバーのみがアクセス可能な API
Partner
相手方（パートナー）とのバイラテラルの合意に基づいてアクセス可能とする API
オープンAPI
Private
グループ内のエンティティのみがアクセス可能な API
クローズドAPI

出典：全国銀行協会「オープン API のあり方に関する検討会報告書」

また、選定エリア向けに開発支援サイトも作成し、APIに関連する情報を技術者にわかりやすいかたちで広く公開し、利用できるようにすることとしています。

なお、APIの公開には段階があり、全国銀行協会では「オープンAPIのあり方に関する検討会報告書」でAPIの開放度に関しその類型を提示しています（図6－1）。

「APIエコノミー」の可能性

APIの公開を通じて、異なる企業間でのアプリケーションソフトの連携や組み込みを促す「APIエコノミー」の動きが近年活発になっています。優れたサービスのAPIが公開されることで、サービスの普及が加速し、さらに新たなサービスの開発につながるといった効果が見られます。スーパーシティにおいて、データ連携基盤整備事業者にAPI公開をルール化したのは、こうしたAPIエコノミーの潮流を鑑みたものです。ただし、各サービス事業者に対してAPI公開を求めるかどうかまでは、現状、各事業者のビジネスモデル開発に対する制約が大きくなるため、国として一律に決める状況にはないと考えています。

いずれにしても、住民・利用者の利便性を高めることを目的に利用者本位の開発が行われるべきであり、今後の市場の動きに注目していきたいと思います。

4 民間、行政の保有データの取り扱い

「データ提供の求め」とは

データ連携基盤整備事業では、公的機関に対し、その保有データの提供を求める「データ提供の求め」が認められています。

データ連携基盤整備事業において「データ提供の求め」を行う際には、①本人の同意に基づくこと、または②特定の個人が識別できないように加工し、かつ当該個人情報を復元できないようにすることが課せられます。そして、データ連携基盤整備事業者には個人情報関係法令の徹底遵守が求められます。

データ提供の求めにより提供可能なデータ、不可能なデータについては、表6-1のような例が考えられます。

表 6-1 「データ提供の求め」により提供が可能なデータ・不可のデータの例

提供可能データの例
・一定区間の交通状況（時刻、移動方向、車両数等）
マスデータ化すれば提供可能データの例
・地域の高齢者の健康状態（疾患、様態、介護状況等） ・児童の学習コンテンツの利用状況
提供不可データの例
・住民票（根拠法令：住民基本台帳法 第11条の2） ・固定資産税台帳（根拠法令：地方税法 第382条の2）

セキュリティの対応

サイバー攻撃への対応など、セキュリティ面での対応については、政府が管理する情報システムに適用される「高度サイバー攻撃対処のためのリスク評価等のガイドライン」を参照しながら、的確な対応をとることが求められます。

また、データ連携基盤については、これらとは別に、政府が定める安全管理基準の遵守が義務づけられます。令和2年6月10日の国家戦略特区諮問会議では、データ連携基盤整備事業者における安全管理基準の案を、次のように示しています（詳細は132ページ別表1参照）。

・責任体制等の確立
・運用規定等の策定

・要員（情報処理安全確保支援士等）の確保
・ＰＤＣＡサイクルの確立
・事業継続計画（ＢＣＰ）の策定　など

また、データ連携基盤以外のデータも含めた全般的な安全管理基準も政省令で規定が定められます（詳細は１３３ページ別表２参照）。

データ・サーバーの取扱場所とローカライゼーション

Ｇ20などでもデータ・サーバーローカライゼーションは重要なトピックになっており、サーバーをどこに置くかはきわめて重要な問題です。新型コロナウイルス感染症の拡大に際しては、非常事態ということでマスクや防護服の在庫を一方的に国家管理下に置いた国が多くありました。同様のことがデータで起きないとも限りません。住民の安心という面からもこの点ははっきりさせなければいけないところで、私は、令和２年５月22日の参議院地方創生特別委員会で質問を行いました。

答弁の内容として、現段階では、追加的コストなどの問題から、サーバーローカライゼーションを一律に義務づけることまでは考えられていませんが、政府自体はバックドアを勝手に設置したようなシステムが入り込まないかといった観点から、サプライチェーンリスク対策の強化のための調達方法などをすでに決めています。これがスーパーシティでも準用される予定で、国内外のどこであれ、個人情報保護に関する法令やデータ連携基盤の安全管理基準の遵守を求めていく方針となりました。また、環太平洋パートナーシップ（ＴＰＰ）協定や世界貿易機関（ＷＴＯ）、日米デジタル貿易協定ではローカライゼーションの要求はしないという原則はありますが、ガバメント（国・地方の政府および準行政）や安全保障上の例外規定がきちんと設けられています。

スーパーシティは暮らしの課題解決手段であり、住民の声を聞きながら計画を練っていくことが最も重要です。サーバーの取扱場所などについても、住民の声を十分にふまえて議論し、ローカライズの可能性も含めて検討していかなくてはなりません。

災害や停電等への対応

スーパーシティでも災害や停電、システムトラブルといった事態が発生する可能性があります。

政府の管理する情報システムに対しては、「デジタル・ガバメント推進標準ガイドライン」が定められており、障害が発生、または発生する恐れがある際には、そのなかの「障害発生時対応」における運用、および保守における実施手順等に基づき、運用事業者、保守事業者等の作業分担を明らかにし、対応を行うこととされています。スーパーシティにおいても、こうした緊急事態が発生した場合、本ガイドラインを参照しつつ、対応することになります。有事において、都市機能の停止や住民のデータ消失など、利用者となる住民の不利益を最小限に収めるべく、政府としても万全の注意を払っていくことになります。

スーパーシティはこれまでにない未来都市の実現を目指す取り組みですから、スーパーシティ固有の、新たな問題が発生する可能性はゼロではありません。こうした問題への対処に関しては、まずは関係法令にかかわる部局と十分に相談を行って対応することになります。

「国家戦略特別区域法の一部を改正する法律」では施行後3年以内を目途として必要な措置の過不足を判断し、必要な措置を講じることを国に求める「検討規定」が設けられており、状況に応じて適切な対処がなされる予定です。

別表１　国家戦略特区諮問会議によるデータ連携基盤整備事業者が遵守する基準（案）

国家戦略特別区域法施行令
（法第二条第二項第三号の政令で定める基準） 第一条　国家戦略特別区域法（以下「法」という。）法第二条第二項第三号の政令で定める基準は次のとおりとする。 一　内閣府令で定めるところにより、区域データの提供の方法及び条件その他の先端的区域データ活用事業活動を実施する主体が区域データの提供を受けるために必要な情報として内閣府令で定めるものを公表していること。 二　区域データの提供に関して、不当に差別的な取扱いをする条件その他の不当な条件を付していないこと。 三　前二号に掲げるもののほか、国家戦略特別区域データ連携基盤整備事業を効果的かつ効率的に実施するために必要な措置として内閣府令で定めるものを講じていること。
国家戦略特別区域法施行規則
（令第一条第一号で定める方法等） 第一条の二　国家戦略特別区域法施行令（以下「令」という。）第一条第一号で定める方法は、インターネットの利用とする。 ２　令第一条第一号で定める情報は次のとおりとする。 一　国家戦略特別区域データ連携基盤整備事業の実施主体（次号において単に「実施主体」という。）が先端的区域データ活用事業活動の実施主体に区域データを提供する際の提供方法 二　実施主体が収集及び整理をしている区域データの種類、内容及び形式 三　先端的区域データ活用事業活動が区域データの提供を受け、活用する際の、区域データの活用制限その他規約 四　その他区域データの提供に関し必要な事項

会議の構成員は次の通り。議長・内閣総理大臣、議員・財務大臣 兼 副総理、内閣府特命担当大臣（地方創生、規制改革）、内閣官房長官、内閣府特命担当大臣（経済財政政策）兼 経済再生担当大臣、有識者議員・秋山咲恵氏、坂根正弘氏、坂村健氏、竹中平蔵氏、八田達夫氏

別表2　国家戦略特区諮問会議によるデータの安全管理基準（案）

内閣府・総務省・経済産業省関係国家戦略特別区域法施行規則
法第二十八条の二第一項に規定する内閣府令・総務省令・経済産業省令で定めるデータの安全管理に係る基準は、次の各号のいずれにも該当することとする。 一　認定区域計画に定められている国家戦略特別区域データ連携基盤整備事業の実施主体（以下「申請者」という。）がサイバーセキュリティ（サイバーセキュリティ基本法（平成二十六年法律第百四号）第二条に規定するサイバーセキュリティをいう。以下同じ。）に関するリスクを経営リスクの一つとして位置付けており、その実施する先端的区域データ活用事業活動（以下「対象事業」という。）に関わる、平常時及び非常時の責任体制及び関係者の役割分担を明確にしていること。 二　申請者が、対象事業を円滑かつ確実に実施するために必要な事項を定めた運用規定において、サイバーセキュリティに関する事項を定めていること。 三　申請者が、サイバーセキュリティの確保に関する運用を的確に行うに足りる知識及び技能を有する者として、情報処理安全確保支援士（情報処理の促進に関する法律（昭和四十五年法律第九十号）第十五条の登録を受けた情報処理安全確保支援士をいう。）又はこれと同等以上の知識及び技能を有すると認められる者を配置していること。 四　申請者が、PDCAサイクルの循環により、継続的なサイバーセキュリティの水準の向上につながる仕組みを構築し、その有効化を図るため、次のいずれかを実施していること。 イ　サイバーセキュリティの確保のための管理体制について、合理的かつ客観的な基準による公正な第三者認証を取得し、維持していること。 ロ　定期的に、サイバーセキュリティに関する外部監査等（当該監査を受けられないやむを得ない事情がある場合であって、独立性及び公平性を担保し、外部監査に準じた措置として組織内において講じているものを含む。）を実施するとともに、当該外部監査等の結果に基づき、サイバーセキュリティ対策の改善を行っていること。 五　申請者が、サイバーセキュリティに関するインシデントに対し、サイバーセキュリティを維持するための責任、権限及び能力を備えたインシデント対応要員を配置し、対応方針を含む運用規定等を定めていること。 六　申請者が、不正アクセス等のサイバー攻撃による障害等から迅速に復旧するための方法を含む適切な事業継続計画を策定していること。 七　申請者が、サイバー攻撃に対するリスク分析を実施し、対象事業におけるリスクを認識した上で、対象事業の実施主体に加え、運営業務の外部委託先も含め、当該リスクに応じた技術的及び組織的なサイバーセキュリティ対策を実施すること。 八　申請者が、対象事業に用いるソフトウェア及びハードウェアの脆弱性が顕在化しないよう、当該脆弱性に関する情報を収集、セキュリティパッチの適用等の必要な対策を継続的に講ずること。 九　申請者が、日々進化するサイバー攻撃等の脅威に対して、それらの検知及び監視を行うサイバーセキュリティ対策を講ずること。

会議の構成員は次の通り。議長・内閣総理大臣、議員・財務大臣 兼 副総理、内閣府特命担当大臣（地方創生、規制改革）、内閣官房長官、内閣府特命担当大臣（経済財政政策）兼 経済再生担当大臣、有識者議員・秋山咲恵氏、坂根正弘氏、坂村健氏、竹中平蔵氏、八田達夫氏

おわりに　日本が、世界で初めてスーパーシティを実現する

本書では、日本が人口減少に向かうなかで、よりよい暮らしを実現するための都市のあり方としての〈スーパーシティ構想〉についてお話ししてきました。

人口がおよそ5分の4になるという今後の人口構成で現在の社会サービスを維持・供給するためには、ＩＴ化はもちろん、ＡＩやビッグデータ、そしてロボットの活用など、徹底したＤＸ・デジタル化を進めることが不可欠です。自治体においても、人口が減少するなかで地域の活力を維持・向上させるためには、業務の合理化や手続きの簡素化が欠かせません。あらゆる地域がＡＩやビッグデータ、ロボティクスといった技術を活用しなければ、自治体経営が難しい時代になっていくでしょう。さまざまな先端技術を活用し、社会のあり方を根本から変えるような都市設計が求められているのです。

スーパーシティ実現において重要なのは、最先端・最新の技術を導入するということではありません。その技術の実装は、住民からみて意味のあるものか、地域課題の解決にどれだけ寄与するかという点が、スーパーシティ構想における評価のポイントです。ぜひ、

技術起点ではなく、現在の地域課題を起点として、将来あるべきまちの姿を、それぞれの地域から提案していただきたいと思います。

そして、地域課題を起点に考える際に重要なことは、その土地で暮らす住民の皆さんの意向です。〈スーパーシティ構想〉では、基本構想の提出にあたり、住民を含めた利害関係者の意向をふまえることを必須のステップとしています。このためには、住民の合意形成を促進・実現できる、ビジョンとリーダーシップを備えた首長の存在も重要です。

すべての自治体にSociety 5.0（超スマート社会）への対応が求められるなかで、ビジョンとやる気をもってスーパーシティに手を挙げ、選定される地域が、象徴的かつ顕著なショーケースになることを期待しています。日本でスーパーシティが実現されれば、それは世界を先導する画期的なモデルケースともなるのです。地域づくり・まちづくりを通した社会課題の解決が、スーパーシティを通して実現され、日本がより強くしなやかな国となり、世界にとってクールでカッコよく、人に優しく包摂的（インクルーシブ）な社会のモデルとなることを願っています。

梅雨空の議事堂を眺めながら
片山さつき

法律第三十四号

国家戦略特別区域法の一部を改正する法律

国家戦略特別区域法（平成二十五年法律第百七号）の一部を次のように改正する。

目次中「第二十八条」を「第二十八条の四」に改める。

第二条第二項に次の一号を加える。

三　先端的区域データ活用事業活動の実施の促進を図るべき区域において、先端的区域データ活用事業活動の実施を促進するために必要なものとして政令で定める基準に従い、先端的区域データ活用事業活動を実施する主体の情報システムと区域データ（当該区域に関するデータ（電磁的記録（電子的方式、磁気的方式その他人の知覚によっては認識することができない方式で作られる記録をいう。）に記録された情報（国の安全を損ない、公の秩序の維持を妨げ、又は公衆の安全の保護に支障を来すことになるおそれがあるものを除く。）をいう。以下同じ。）であって、先端的区域データ活用事業活動の実施に活用されるものをいう。以下同じ。）を保有する主体の情報システムとの相互の連携を確保するための基盤を整備するとともに、区域データを、収集及び整理をし、先端的区域データ活用事業活動を実施する主体に提供する事業（以下「国家戦略特別区域データ連携基盤整備事業」という。）

第二条第三項中「第十条」の下に「、第二十八条の四及び第三十条第一項第七号」を加え「、第二十五条」を「第二十五条の六」に改め、「この項」の下に「及び第二十八条の四」を加え、同条中第五項を第六項とし、第四項を第五項とし、第三項の次に次の一項を加える。

4　この法律において「先端的区域データ活用事業活動」とは、官民データ活用推進基本法（平成十八年法律第百三号）第二条第二項に規定する人工知能関連技術、同条第三項に規定するインターネット・オブ・シングス活用関連技術、同条第四項に規定するクラウド・コンピューティング・サービス関連技術その他の従来の処理量に比して大量の情報の処理を可能とする先端的な技術を用いて役務の価値を高め、又はその新たな価値を生み出すことにより新たな事業の創出又は事業の革新を図る事業活動（第三十七条の八において「先端的技術利用事業活動」という。）であって、国家戦略特別区域データ連携基盤整備事業の実施主体から区域データの提供を受け、当該区域データを活用して、当該事業活動の対象となる区域内の住民その他の者の共同の福祉又は利便の増進を図るものをいう。

第八条第九項中「第二十五条」を「第二十五条の六」に改める。

第十条第二項中「第二条第二項第二号」の下に「及び第三号」を加え、「第二十五条」を「第二十五条の六」に改める。

第十三条第一項中「第九項第二号」を「第十三項第二号」に改め、同条第九項中「取り消す」を「取り消し、又は一年以内の期間を定めて認定事業者に対しその業務の全部若しくは一部の停止を命ずる」に改め、同項第六号中「前項」を「第九項」に「、又は」を「若しくは」に改め、「の報告」の下に「をし、又は同項の規定による検査を拒み、妨げ、若しくは忌避し、若しくは同項の規定による質問に対して答弁をせず、若しくは虚偽の答弁」を加え、同号を同項第七号とし、同項第五号中「第五項又は第七項」を「第六項又は第八項」に改め、同号を同項第六号とし、同項第四号の次に次の一号を加える。

五　認定事業者が第四項各号（第三号を除く。）のいずれかに該当するに至ったとき。

第十三条第九項に次の一号を加える。

八　認定事業者が前項又はこの項の規定による命令に違反したとき。

第十三条第九項を同条第十三項とし、同条第八項中「求める」を「求め、又はその職員に、認定事業の用に供する施設その他の施設に立ち入り、認定事業の実施状況若しくは設備、帳簿書類その他の物件を検査させ、若しくは関係者に質問させる」に改め、同項を同条第九項とし、同項の次に次の三項を加える。

10　前項の規定により立入検査をする職員は、その身分を示す証明書を携帯し、関係者に提示しなければならない。

11　第九項の規定による立入検査の権限は、犯罪捜査のために認められたものと解してはならない。

12　都道府県知事は、認定事業者が行う認定事業が第一項の政令で定める要件に該当しなくなったと認めるときは、当該認定事業者に対し、当該認定事業を当該要件に該当させるために必要な措置をとるべきことを命ずることができる。

第十三条第七項中「第五項ただし書」を「第六項ただし書」に改め、同項を同条第八項とし、同条中第六項を第七項とし、第五項を第六項とし、同条第四項中「第九項に」を「第十三項に」に「、第八項及び第九項第三号」を「以下この条」に改め、同項を同条第五項とし、同条第三項の次に次の一項を加える。

4　次の各号のいずれかに該当する者は、特定認定を受けることができない。

一　心身の故障により国家戦略特別区域外国人滞在施設経営事業を的確に遂行することができない者として厚生労働省令で定めるもの

二　破産手続開始の決定を受けて復権を得ない者

三　第十三項（第一号及び第二号に係る部分を除く。）の規定により特定認定を取り消され、その取消しの日から起算して三年を経過しない者（当該特定認定を取り消された者が法人である場合にあっては、当該取消しの日前三十日以内に当該法人の役員であった者で当該取消しの日から起算して三年を経過しないものを含む。）

四　禁錮以上の刑に処せられ、又は第十四項から第十六項までの規定若しくは旅館業法の規定により罰金の刑に処せられ、その執行を終わり、又は執行を受けることがなくなった日から起算して三年を経過しない者

五　暴力団員による不当な行為の防止等に関する法律（平成三年法律第七十七号）第二条第六号に規定する暴力団員又は同号に規定する暴力団員でなくなった日から起算して五年を経過しない者（第八号において「暴力団員等」という。）

六　営業に関し成年者と同一の行為能力を有しない未成年者でその法定代理人（法定代理人が法人である場合にあっては、その役員を含む。）が前各号のいずれかに該当するもの

七　法人であって、その業務を行う役員のうちに第一号から第五号までのいずれかに該当する者があるもの

八　暴力団員等がその事業活動を支配する者
第十三条に次の三項を加える。
14　前項の規定による命令に違反した場合には、当該違反行為をした者は、六月以下の懲役若しくは百万円以下の罰金に処し、又はこれを併科する。
15　次の各号のいずれかに該当する場合には、当該違反行為をした者は、三十万円以下の罰金に処する。
一　第九項の規定による報告をせず、若しくは虚偽の報告をし、又は同項の規定による検査を拒み、妨げ、若しくは忌避し、若しくは同項の規定による質問に対して答弁をせず、若しくは虚偽の答弁をしたとき。
二　第十二項の規定による命令に違反したとき。
16　法人の代表者又は法人若しくは人の代理人、使用人その他の従業者が、その法人又は人の業務に関し、前二項の違反行為をしたときは、行為者を罰するほか、その法人又は人に対して各本項の罰金刑を科する。
第二十五条の次に次の見出し及び五条を加える。

（革新的な産業技術の有効性の実証に係る道路運送車両法等の特例）

第二十五条の二　国家戦略特別区域会議は、第八条第二項第二号に規定する特定事業として、国家戦略特別区域革新的技術実証事業（国家戦略特別区域内において、自動車の自動運転（自動車自動運転関係電波技術を含む。第三十七条の七第一項において同じ。）、無人航空機（航空法（昭和二十七年法律第二百三十一号）第二条第二十二項に規定する無人航空機をいう。以下同じ。）の遠隔操作又は自動操縦（無人航空機遠隔操作自動操縦関係電波技術を含む。第三十七条の七第一項において同じ。）その他の技術革新の進展に即応した高度な産業技術（特殊仕様自動車等応用関係電波技術及び無人航空機応用関係電波技術を含む。同項において同じ。）の有効性の実証のうち産業の国際競争力の強化及び国際的な経済活動の拠点の形成を図るために必要なものとして内閣府令で定めるものであって、次項第三号イからホまでのいずれかに掲げる行為を含むもの（同号ホに掲げる行為を含むものにあっては、同号イからニまでのいずれかに掲げる行為をも含むものに限る。以下「技術実証」という。）を行う事業をいう。以下同じ。）を定めた区域計画（以下「技術実証区域計画」という。）について、内閣総理大臣の認定を申請し、その認定を受けたときは、内閣府令で定めるところにより、認定技術実証区域計画（当該認定を受けた技術実証区域計画（第九条第一項の変更の認定があったときは、その変更後のもの）をいう。以下同じ。）に実証事業者（技術実証の実施主体である事業者をいう。以下同じ。）として定められた者に対し、次に掲げる事項を記載した書面を交付するものとする。
一　当該認定技術実証区域計画（国家戦略特別区域革新的技術実証事業に係る部分に限る。第十四項及び第十六項において同じ。）の内容
二　道路運送車両法（昭和二十六年法律第百八十五号）第四十一条第一項の規定による技術基準（次項第三号イ及び第七項において「装置基準」という。）のうち第七項（第十四項において準用する場合を含む。次条第二項において同じ。）の規定により指定されたもの
三　第十項（第十四項において準用する場合を含む。第十七項及び第二十五条の四第一項において同じ。）の規定により定められた条件
四　第十三項（第十四項において準用する場合を含む。第十七項及び第二十五条の六第三項第一号において同じ。）の規定により定められた条件

2　技術実証区域計画には、第八条第二項第四号に掲げる事項として、次に掲げる事項を定めるものとする。
一　実証事業者の氏名又は名称及び住所並びに法人にあっては、その代表者の氏名
二　技術実証の目的及び方法
三　技術実証に含まれる次のイからホまでに掲げる行為の区分に応じ、当該イからホまでに定める事項
イ　特殊仕様自動車（道路運送車両法第二条第二項に規定する自動車であって、装置基準の一部に適合しないものをいう。以下この条及び次条において同じ。）を同法第二条第五項に規定する運行（次条第二項において単に「運行」という。）の用に供する行為（以下この条及び次条において「特殊仕様自動車運行」という。）次に掲げる事項
（1）　特殊仕様自動車運行を行う場所及び期間
（2）　特殊仕様自動車運行に使用する特殊仕様自動車の車名及び型式並びに当該特殊仕様自動車の車台番号（車台の型式についての表示を含む。）
（3）　当該特殊仕様自動車の使用の本拠の位置
（4）　当該特殊仕様自動車が適合していない装置基準
（5）　当該特殊仕様自動車の装置又は特殊仕様自動車運行の方法であって、（4）の装置基準に係る機能を代替するもの
ロ　道路（道路交通法（昭和三十五年法律第百五号）第二条第一項第一号に規定する道路をいう。第十項において同じ。）において遠隔操作を行いながら自動運転の技術を用いて同条第一項第九号に規定する自動車（（2）及び次項において単に「自動車」という。）を走行させる行為のうち、同法第七十七条第一項第四号に規定する行為に該当するもの（以下この条及び第二十五条の四第一項において「遠隔自動走行」という。）次に掲げる事項
（1）　遠隔自動走行を行う場所及び期間
（2）　遠隔自動走行に使用する自動車を特定するために必要な事項及び当該自動車の仕様に関する事項
（3）　遠隔自動走行の方法（緊急の場合に速やかに危険防止のために必要な措置を講ずるための方法を含む。）に関する事項
（4）　遠隔操作を行う者に係る事項
ハ　航空法第百三十二条各号のいずれかに掲げる空域において無人航空機を飛行させる行為当該行為を行う空域及び期間並びに当該行為に使用する無人航空機を特定するために必要な事項
ニ　航空法第百三十二条の二第五号から第十号までに掲げる方法のいずれかによらずに無人航空機を飛行させる行為当該飛行の方法及び当該行為を行う期間並びに当該行為に使用する無人航空機を特定するために必要な事項
ホ　実験等無線局（電波法（昭和二十五年法律第百三十一号）第四条の二第二項に規定する実験等無線局をいい、自動車自動運転関係電波技術、無人航空機遠隔操作自動操縦関係電波技術、特殊仕様自動車等応用関係電波技術又は無人航空機応用関係電波技術の有効性の実証を行うためのものに限る。以下この条及び第二十五条の六において同じ。）を開設し、これを運用する行為　次の（1）から（3）までに掲げる実験等無線局の区

分に応じ、当該（1）から（3）までに定める事項

（1）（2）及び（3）に掲げる実験等無線局以外の実験等無線局　次に掲げる事項

（ⅰ）当該行為を行う期間

（ⅱ）通信の相手方及び通信事項

（ⅲ）電波法第六条第一項第七号に規定する無線設備（以下この条及び第二十五条の六において単に「無線設備」という。）の設置場所（移動する実験等無線局にあっては、移動範囲。第二十五条の六第二項第一号において同じ。）

（ⅳ）使用する電波法第二条第一号に規定する電波（（2）（ⅲ）及び第二十五条の六において単に「電波」という。）の型式並びに周波数及び空中線電力

（ⅴ）無線設備の工事設計

（ⅵ）運用開始の予定期日

（ⅶ）他の電波法第二条第五号に規定する無線局（以下この条において単に「無線局」という。）の同法第十四条第二項第二号の免許人又は同法第二十七条の二十三第一項の登録人（（2）（ⅶ）及び第十六項において「免許人等」という。）との間で混信その他の妨害を防止するために必要な措置に関する契約を締結しているときは、その契約の内容

（2）電波法第二十七条の二に規定する特定無線局（（3）及び第十二項第四号において単に「特定無線局」という。）（同条第一号に掲げる無線局に係るものに限る。）である実験等無線局次に掲げる事項

（ⅰ）当該行為を行う期間

（ⅱ）通信の相手方

（ⅲ）使用する電波の型式並びに周波数及び空中線電力

（ⅳ）無線設備の工事設計

（ⅴ）電波法第二十七条の三第一項第六号に規定する最大運用数

（ⅵ）電波法第二十七条の三第一項第七号に規定する運用開始の予定期日

（ⅶ）他の無線局の免許人等との間で混信その他の妨害を防止するために必要な措置に関する契約を締結しているときは、その契約の内容

（3）特定無線局（電波法第二十七条の二第二号に掲げる無線局に係るものに限る。）である実験等無線局次に掲げる事項

（ⅰ）（2）（ⅰ）から（ⅳ）まで、（ⅵ）及び（ⅶ）に掲げる事項

（ⅱ）無線設備を設置しようとする区域

四　安全確保上、環境保全上、社会生活上その他の支障を生ずることなく技術実証を行うために遵守すべき事項

五　その他技術実証の実施のために必要な事項

3　第一項及び前項第三号ホにおいて、次の各号に掲げる用語の意義は、それぞれ当該各号に定めるところによる。
一　自動車自動運転関係電波技術特殊仕様自動車若しくは遠隔自動走行に使用する自動車に開設する無線局又はこれらの無線局を通信の相手方とする無線局（電波法第六条第一項第四号イに規定する人工衛星局、同号ロに規定する船舶の無線局、船舶地球局、航空機の無線局及び航空機地球局並びに同条第二項に規定する基幹放送局（第十二項第四号において単に「基幹放送局」という。）（次号から第四号までにおいて「人工衛星局等」という。）を除く。）に係る技術であって、特殊仕様自動車運行又は遠隔自動走行に用いるものをいう。
二　無人航空機遠隔操作自動操縦関係電波技術無人航空機に開設する無線局又は当該無線局を通信の相手方とする無線局（人工衛星局等を除く。）に係る技術であって、前項第三号ハ又はニに掲げる行為に用いるものをいう。
三　特殊仕様自動車等応用関係電波技術特殊仕様自動車又は遠隔自動走行に使用する自動車を用いる事業活動に用いる無線局（人工衛星局等を除く。）に係る技術（第一号に規定する自動車自動運転関係電波技術を除く。）であって、総務省令で定めるものをいう。
四　無人航空機応用関係電波技術無人航空機を用いる事業活動に用いる無線局（人工衛星局等を除く。）に係る技術（第二号に規定する無人航空機遠隔操作自動操縦関係電波技術を除く。）であって、総務省令で定めるものをいう。
4　国家戦略特別区域会議は、技術実証区域計画を定めようとする場合において、当該技術実証区域計画に係る技術実証が次の各号に掲げる行為のいずれかを含むものであるときは、当該技術実証区域計画について、あらかじめ、それぞれ当該各号に定める者に協議し、その同意を得なければならない。
一　特殊仕様自動車運行特殊仕様自動車運行に使用する特殊仕様自動車の使用の本拠の位置を管轄する地方運輸局長（以下この条及び次条において「管轄地方運輸局長」という。）
二　遠隔自動走行第二項第三号ロ（1）の場所を管轄する警察署長（当該場所が同一の都道府県公安委員会の管理に属する二以上の警察署長の管轄にわたるときは、そのいずれかの場所を管轄する警察署長。以下この条において「所轄警察署長」という。）
三　第二項第三号ハ又はニに掲げる行為国土交通大臣
四　第二項第三号ホに掲げる行為総務大臣
5　国家戦略特別区域会議は、技術実証区域計画を定めようとする場合において、必要があると認めるときは、実証事業者として当該技術実証区域計画に定めようとする者に対し、資料の提供、説明その他必要な協力を求めることができる。
6　第四項各号に定める者は、国家戦略特別区域会議に対し、同項の同意をするか否かの判断をするために必要な情報の提供を求めることができる。
7　管轄地方運輸局長は、特殊仕様自動車運行に係る技術実証区域計画についての第四項の規定による協議があった場合において、当該協議に係る技術実証区域計画に従って特殊仕様自動車運行を行うならば保安上又は公害防止その他の環境保全上の支障が生じないと認めるときは、同項の同意をするとともに、装置基準のうち当該特殊仕様自動車にあっては適合することを要しないこととするものを指定するものとする。
8　管轄地方運輸局長は、第四項の同意及び前項の規定による指定をしようとするときは、あらかじめ、国土交通大臣の承認を受けなければならない。
9　所轄警察署長は、遠隔自動走行に係る技術実証区域計画についての第四項の規定による協議があった場合において、当該協議に係る遠隔自動走行が次の各号のいずれかに該当するときは、同項の同意をするものとする。
一　当該遠隔自動走行が現に交通の妨害となるおそれがないと認められるとき。
二　当該遠隔自動走行が次項の規定により定められる条件に従って行われることにより交通の妨害となるおそれがなくなると認められるとき。
三　当該遠隔自動走行が現に交通の妨害となるおそれはあるが公益上やむを得ないものであると認められるとき。

10　所轄警察署長は、第四項の同意をする場合において、必要があると認めるときは、当該同意に係る遠隔自動走行が前項第一号に該当する場合を除き、当該遠隔自動走行について、道路における危険を防止し、その他交通の安全と円滑を図るため必要な条件を定めることができる。

11　国土交通大臣は、第二項第三号ハ又はニに掲げる行為に係る技術実証区域計画についての第四項の規定による協議があった場合において、当該協議に係る当該行為により航空機の航行の安全並びに地上及び水上の人及び物件の安全が損なわれるおそれがないと認めるときは、同項の同意をするものとする。

12　総務大臣は、第二項第三号ホに掲げる行為に係る技術実証区域計画についての第四項の規定による協議があった場合において、当該協議に係る当該行為が次の各号のいずれにも適合しているときは、同項の同意をするものとする。
一　当該行為に係る実証事業者として当該技術実証区域計画に定めようとする者が電波法第五条第三項各号のいずれかに該当する者でないこと。
二　第二項第三号ホ（1）に掲げる実験等無線局にあっては、当該行為に係る技術実証区域計画に定めようとする無線設備の工事設計が電波法第三章に定める技術基準に適合すること。
三　当該行為に係る技術実証区域計画に定めようとする周波数が、第二項第三号ホ（1）に掲げる実験等無線局に係るものにあっては電波法第七条第一項第二号の規定、第二項第三号ホ（2）又は（3）に掲げる実験等無線局に係るものにあっては同法第二十七条の四第一号の規定に適合すること。
四　前三号に掲げるもののほか、第二項第三号ホ（1）に掲げる実験等無線局にあっては電波法第七条第一項第四号の総務省令で定める無線局（基幹放送局を除く。）の開設の根本的基準、第二項第三号ホ（2）又は（3）に掲げる実験等無線局にあっては同法第二十七条の四第三号の総務省令で定める特定無線局の開設の根本的基準に合致すること。

13　総務大臣は、第四項の同意をする場合において、必要があると認めるときは、当該同意に係る第二項第三号ホに掲げる行為について、条件を定めることができる。この場合において、その条件は、技術実証を行う者に不当な義務を課することとならないものでなければならない。

14　第四項から前項までの規定は、認定技術実証区域計画の変更について準用する。

15　道路交通法第百十四条の三の規定はこの条に規定する所轄警察署長の権限について、航空法第百三十七条第一項及び第二項の規定はこの条に規定する国土交通大臣の権限について、電波法第百四条の三第一項の規定はこの条に規定する総務大臣の権限について、それぞれ準用する。

16　国家戦略特別区域会議は、第二項第三号ホに掲げる行為に係る技術実証区域計画について認定を受けたときは、速やかに、関係する区域を管轄する総合通信局長又は沖縄総合通信事務所長、関係する地方公共団体、関係する無線局の免許人等及び関係する電波法第五十六条第一項の規定により指定された受信設備を設置している者に対し、当該認定に係る認定技術実証区域計画の内容その他当該技術実証の適正な実施の確保のための連携に必要と認める事項を通知するものとする。

17　内閣総理大臣は、第十一条第一項の規定によるほか、認定技術実証区域計画に定められた事項又は第十項若しくは第十三項の規定により定められた条件に違反して技術実証が行われたときは、当該認定技術実証区域計画に係る認定を取り消すことができる。この場合においては、同条第二項及び第三項の規定を準用する。

18　内閣総理大臣は、技術実証区域計画の認定をしたとき、又は第十一条第一項若しくは前項の規定による認定の取消しをしたときは、遅滞なく、その旨を当該技術実証区域計画に係る第四項各号（第十四項において準用する場合を含む。）に定める者（第十五項において準用する道路交通法第百十四条の三、航空法第百三十七条第一項及び第二項又は電波法第百四条の三第一項の規定により当該者の権限を行う者を含む。）に通知しなければならない。

19　国家戦略特別区域会議は、技術実証区域計画について認定を受けたときは、当該認定に係る認定技術実証区域計画に係る第十二条の規定による評価に資するため、当該認定技術実証区域計画に係る技術実証に関し優れた識見を有する者により構成される技術実証評価委員会を置くものとする。

20　技術実証評価委員会は、前項に規定する技術実証の実施の状況について評価を行い、これに関し必要と認められる意見を国家戦略特別区域会議に述べるものとする。

第二十五条の三　認定技術実証区域計画に従って行われる技術実証（特殊仕様自動車運行を含むものに限る。）に使用される特殊仕様自動車についての道路運送車両法の規定の適用については、同法第四十一条第一項中「次に掲げる装置について、国土交通省令」とあるのは「次に掲げる装置についての国土交通省令」と「、技術基準」とあるのは「技術基準（国家戦略特別区域法（平成二十五年法律第百七号）第二十五条の二第七項（同条第十四項において準用する場合を含む。第四十六条において同じ。）の規定により指定されているものを除く。）」と、同法第四十六条中「技術基準」（とあるのは「技術基準（国家戦略特別区域法第二十五条の二第七項の規定により指定されているものを除く。」とするほか、必要な技術的読替えは、政令で定める。

2　管轄地方運輸局長は、前項に規定する特殊仕様自動車が運行の用に供されることにより保安上若しくは公害防止その他の環境保全上の支障が生じていると認め、又はこれらが生ずるおそれがあると認めるに至ったときは、当該特殊仕様自動車に係る前条第七項の規定による指定を取り消すものとする。

3　管轄地方運輸局長は、前項の規定による取消しをしたときは、遅滞なく、内閣総理大臣及び当該特殊仕様自動車運行に係る実証事業者として認定技術実証区域計画に定められた者（次項において「運行者」という。）に対し、その旨を通知しなければならない。

4　第二項の規定による取消しは、前項の規定による通知が運行者に到達した時からその効力を生ずる。

第二十五条の四　認定技術実証区域計画に実証事業者として定められた者が当該認定技術実証区域計画に従って行う遠隔自動走行については、第二十五条の二第九項（同条第十四項において準用する場合を含む。）の規定によりされた同条第四項（同条第十四項において準用する場合を含む。）の同意を道路交通法第七十七条第一項の規定による許可と、当該者を当該許可を受けた者と、当該認定技術実証区域計画に定められた遠隔自動走行の期間を当該許可の期間と、第二十五条の二第十項の規定により定められた条件を同法第七十七条第三項の規定により当該許可に付された条件と、当該認定技術実証区域計画に係る第二十五条の二第一項の書面（同項第一号（遠隔自動走行に係る部分に限る。）及び第三号に係る部分に限る。）を当該許可に係る同法第七十八条第三項の許可証とそれぞれみなして、同法の規定を適用する。この場合において、同法第七十七条第七項中「又は第五項の規定により当該許可が取り消されたとき」とあるのは「、第五項の規定により当該許可が取り消されたとき、又は国家戦略特別区域法（平成二十五年法律第百七号）第二十五条の二第二項第三号ロに掲げる遠隔自動走行（以下この項において単に「遠隔自動走行」という。）に係る同条第一項に規定する認定技術実証区域計画について、同法第九条第一項の規定による変更（同法第八条第二項第二号に規定する特定事業として遠隔自動走行に係る同法第二十五条の二第一項に規定する国家戦略特別区域革新的技術実証事業を定めないこととするものに限る。）の認定があり、若しくは同法第十一条第一項若しくは第二十五条の二第十七項の規定により認定が取り消されたとき」とするほか、必要な技術的読替えは、政令で定める。

2　道路交通法第七十七条第一項に規定する所轄警察署長（同法第百十四条の三の規定によりその権限を行う警察官を含む。）は、前項の規定によりみなされた同法第七十七条第一項の規定による許可について同条第五項の規定による取消しをしたときは、遅滞なく、その旨を内閣総理大臣に通知しなければならない。

第二十五条の五　第二十五条の二第二項第三号ハに掲げる行為に係る技術実証区域計画の認定があったときは、当該認定の日において、当該認定に係る認定技術実証区域計画に実証事業者として定められた者が当該認定技術実証区域計画に従って行う当該行為について、航空法第百三十二条ただし書の規定による許可があったものとみなす。

2　第二十五条の二第二項第三号ニに掲げる行為に係る技術実証区域計画の認定があったときは、当該認定の日において、当該認定に係る認定技術実証区域計画に実証事業者として定められた者が当該認定技術実証区域計画に従って行う当該行為について、航空法第百三十二条の二ただし書の承認があったものとみなす。

第二十五条の六　第二十五条の二第二項第三号ホに掲げる行為に係る技術実証区域計画の認定（次項に規定するものを除く。）があったときは、総務大臣（電波法第百四条の三第一項の規定による委任を受けた者を含む。以下この条において同じ。）は、速やかに、当該認定に係る認定技術実証区域計画に実証事業者として定められた者に対し、同号ホ（1）に掲げる実験等無線局にあっては第一号から第四号までに掲げる事項を指定して同法第十二条の免許を、第二十五条の二第二項第三号ホ（2）に掲げる実験等無線局にあっては第一号、第三号、第五号及び第六号に掲げる事項を、同項第三号ホ（3）に掲げる実験等無線局にあっては第一号、第三号、第六号及び第七号に掲げる事項を指定して同法第二十七条の五第一項の免許を与えなければならない。この場合においては、第二十五条の二第二項第三号ホ（1）に掲げる実験等無線局に係る当該指定は同法第八条第一項の規定による指定と、同号ホ（2）又は（3）に掲げる実験等無線局に係る当該指定は同法第二十七条の五第一項の規定による指定とみなして、同法の規定を適用する。

一　電波の型式及び周波数

二　電波法第八条第一項第三号に規定する識別信号（次項第二号において単に「識別信号」という。）

三　空中線電力

四　電波法第六条第一項第六号に規定する運用許容時間（次項第二号及び第三項第四号において単に「運用許容時間」という。）

五　電波法第二十七条の五第一項第三号に規定する指定無線局数（次項第二号において単に「指定無線局数」という。）
六　電波法第二十七条の五第一項第四号に規定する運用開始の期限
七　無線設備の設置場所とすることができる区域

2　第二十五条の二第二項第三号ホに掲げる行為に係る技術実証区域計画の認定（第九条第一項の変更の認定であって、実験等無線局（前項の規定により免許を受けたものに限る。以下この条において同じ。）に係る次の各号に掲げる変更に係るものに限る。）があったときは、総務大臣は、速やかに、当該各号に定める処分をしなければならない。
一　通信の相手方若しくは無線設備の設置場所の変更又は無線設備の変更（第二十五条の二第二項第三号ホ（1）に掲げる実験等無線局にあっては、電波法第九条第一項ただし書に規定する総務省令で定める軽微な事項に係るものを除く。）の工事に係る変更同法第十七条第一項又は第二十七条の八第一項の許可
二　識別信号、電波の型式、周波数、空中線電力、運用許容時間、指定無線局数又は無線設備の設置場所とすることができる区域の変更電波法第十九条又は第二十七条の九の規定による指定の変更

3　総務大臣は、次の各号のいずれかに該当するときは、遅滞なく、その旨を内閣総理大臣に通知しなければならない。
一　第二十五条の二第十三項の規定により定められた条件に違反して技術実証が行われたと認めるとき。
二　電波法第七十一条第一項の規定により実験等無線局の周波数又は空中線電力の指定の変更をしたとき。
三　電波法第七十二条第一項の規定により実験等無線局に対して電波の発射の停止を命じたとき。
四　電波法第七十六条第一項の規定により実験等無線局の運用の停止を命じ、又は実験等無線局に係る運用許容時間、周波数若しくは空中線電力を制限したとき。
五　電波法第七十六条第四項、第五項又は第七項の規定により実験等無線局の免許を取り消したとき。

4　総務大臣は、次の各号のいずれかに該当するときは、実験等無線局の免許を取り消すことができる。
一　第九条第一項の規定による認定技術実証区域計画の変更（第八条第二項第二号に規定する特定事業として第二十五条の二第二項第三号ホに掲げる行為を含む国家戦略特別区域革新的技術実証事業を定めないこととするものに限る。）の認定があったとき。
二　第十一条第一項又は第二十五条の二第十七項の規定により認定技術実証区域計画（第八条第二項第二号に規定する特定事業として第二十五条の二第二項第三号ホに掲げる行為を含む国家戦略特別区域革新的技術実証事業を定めたものに限る。）の認定が取り消されたとき。

第二十七条の二中「同項第二号に掲げるもの」の下に「のうち第二十八条第一項に規定する利子補給契約に係る貸付けを受けて行われることその他の内閣府令で定める要件に該当するもの」を加える。第四章中第二十八条の次に次の三条を加える。

（国の機関等に対するデータの提供の求め）
第二十八条の二　認定区域計画に定められている国家戦略特別区域データ連携基盤整備事業の実施主体であって、内閣府令・総務省令・経済産業省令

で定めるデータの安全管理に係る基準に適合することについて内閣総理大臣の確認を受けたもの（以下この条及び次条において単に「実施主体」という。）は、先端的区域データ活用事業活動の実施に活用するため、国の機関又は公共機関等（独立行政法人通則法（平成十一年法律第百三号）第二条第一項に規定する独立行政法人その他これに準ずる者で政令で定めるものをいう。以下この条において同じ。）の保有するデータであって区域データとしての活用が見込まれるものを必要とするときは、内閣府令で定めるところにより、内閣総理大臣に対し、当該データの提供を求めることができる。

2　前項の規定による求めを受けた内閣総理大臣は、当該求めに係るデータを自ら保有する場合において、当該求めについて次の各号に掲げる事由のいずれにも該当すると認めるときは、遅滞なく、当該データを当該求めをした実施主体に提供するものとする。

一　当該データの収集が、前項の国家戦略特別区域データ連携基盤整備事業及び先端的区域データ活用事業活動の効果的かつ効率的な実施に不可欠なものであること。

二　当該データの提供が、他の法令に違反し、又は違反するおそれがないものであること。

三　当該データを提供することにより、公益を害し、又はその所掌事務若しくは事業の遂行に支障を及ぼすおそれがないものであること。

3　第一項の規定による求めを受けた内閣総理大臣は、前項に規定する場合において、当該求めについて同項各号に掲げる事由のいずれかに該当しないと認めるときは、遅滞なく、当該求めに応じた提供を行わない旨及びその理由を当該求めをした実施主体に通知するものとする。

4　第一項の規定による求めを受けた内閣総理大臣は、当該求めに係るデータをその所管する公共機関等、他の関係行政機関の長又は他の関係行政機関の長の所管する公共機関等が保有する場合において、当該求めについて第二項第一号に掲げる事由に該当すると認めるときは、遅滞なく、当該データを保有するその所管の公共機関等又は他の関係行政機関の長（その所管する公共機関等が当該データを保有する場合の当該他の関係行政機関の長を含む。次項において同じ。）に対し、当該データの提供を要請するとともに、その旨を当該求めをした実施主体に通知するものとする。

5　第一項の規定による求めを受けた内閣総理大臣は、前項に規定する場合において、当該求めが第二項第一号に掲げる事由に該当しないと認めるときは、遅滞なく、当該求めに係るデータを保有するその所管の公共機関等又は他の関係行政機関の長に対して当該データの提供を要請しない旨及びその理由を当該求めをした実施主体に通知するものとする。

6　第四項の規定による要請を受けた関係行政機関の長は、当該要請に係る求めに係るデータを自ら保有する場合において、当該求めについて第二項各号に掲げる事由のいずれにも該当すると認めるときは、遅滞なく、当該求めに係るデータを当該求めをした実施主体に提供するとともに、内閣総理大臣にその旨を通知するものとする。

7　第四項の規定による要請を受けた関係行政機関の長は、前項に規定する場合において、当該要請に係る求めについて第二項各号に掲げる事由のいずれかに該当しないと認めるときは、遅滞なく、当該求めに応じた提供を行わない旨及びその理由を内閣総理大臣に通知するものとする。

8　第四項の規定による要請を受けた関係行政機関の長は、当該要請に係る求めに係るデータをその所管する公共機関等が保有する場合において、当該求めについて第二項第一号に掲げる事由に該当すると認めるときは、遅滞なく、当該データを保有するその所管の公共機関等に対し、当該データの提供を要請するとともに、その旨を内閣総理大臣に通知するものとする。

9　第四項の規定による要請を受けた関係行政機関の長は、前項に規定する場合において、当該要請に係る求めについて第二項第一号に掲げる事由に該当しないと認めるときは、遅滞なく、当該要請に応じて前項の公共機関等に要請を行わない旨及びその理由を内閣総理大臣に通知するものとする。
10　第四項又は第八項の規定による要請を受けた公共機関等は、当該要請に係る求めについて第二項各号に掲げる事由のいずれにも該当すると認めるときは、遅滞なく、当該求めに係るデータを当該求めをした実施主体に提供するとともに、当該公共機関等を所管する内閣総理大臣又は関係行政機関の長にその旨を通知するものとする。
11　前項の規定による通知を受けた関係行政機関の長は、その旨を内閣総理大臣に通知するものとする。
12　第四項又は第八項の規定による要請を受けた公共機関等は、当該要請に係る求めについて第二項各号に掲げる事由のいずれかに該当しないと認めるときは、遅滞なく、その旨及びその理由を当該公共機関等を所管する内閣総理大臣又は関係行政機関の長に通知するものとする。
13　前項の規定による通知を受けた関係行政機関の長は、その旨を内閣総理大臣に通知するものとする。
14　第七項から第九項まで及び前二項の規定による通知を受けた内閣総理大臣は、遅滞なく、その通知の内容を当該通知に係る第一項の規定による求めをした実施主体に通知するものとする。
15　国の機関及び公共機関等は、第一項の規定による求めがあったときは、官民データ活用推進基本法の趣旨にのっとり、積極的なデータの提供に努めるものとする。

（地方公共団体に対するデータの提供の求め）

第二十八条の三　実施主体は、先端的区域データ活用事業活動の実施に活用するため、国家戦略特別区域会議に係る関係地方公共団体の保有するデータであって区域データとしての活用が見込まれるものを必要とするときは、内閣府令で定めるところにより、当該関係地方公共団体の長その他の執行機関に対し、当該データの提供を求めることができる。
2　前項の規定による求めを受けた関係地方公共団体の長その他の執行機関は、当該求めについて前条第二項各号に掲げる事由のいずれにも該当すると認めるときは、遅滞なく、当該求めに係るデータを当該求めをした実施主体に提供するものとする。
3　第一項の規定による求めを受けた関係地方公共団体の長その他の執行機関は、当該求めについて前条第二項各号に掲げる事由のいずれかに該当しないと認めるときは、遅滞なく、当該求めに応じた提供を行わない旨及びその理由を当該求めをした実施主体に通知するものとする。
4　国家戦略特別区域会議に係る関係地方公共団体は、第一項の規定による求めがあったときは、官民データ活用推進基本法の趣旨にのっとり、積極的なデータの提供に努めるものとする。

（新たな規制の特例措置の求め）

第二十八条の四　国家戦略特別区域会議（国家戦略特別区域データ連携基盤整備事業を含む区域計画を定めようとするもの又はその認定を受けたものに限る。以下この条において同じ。）は、国家戦略特別区域における産業の国際競争力の強化又は国際的な経済活動の拠点の形成を図るために、先端的区域データ活用事業活動を実施する主体が国家戦略特別区域において新たな規制の特例措置（法律により規定された規制についての法律の特例に関する措置又は政令等により規定された規制についての第二十六条の規定による政令若しくは内閣府令・主務省令で定める政令等の特例に関する措置であって、この法律の改正又は政令若しくは内閣府令・主務省令の制定若しくは改正をする必要があるものをいい、これらの措置の適用を受ける場合において当該規制の趣旨に照らし地方公共団体がこれらの措置と併せて実施し又はその実施を促進することが必要となる措置を含む。以下この条及び第三十条第一項第七号において同じ。）の適用を受けて先端的区域データ活用事業活動を実施し又はその実施を促進する必要があると認めるときは、内閣府令で定めるところにより、内閣総理大臣に対し、当該新たな規制の特例措置の整備を求めることができる

2　国家戦略特別区域会議は、前項の規定による求めをしようとする場合には、国家戦略特別区域基本方針及び区域方針に即して、内閣府令で定めるところにより、当該求めに係る区域計画又は認定区域計画の変更の案を作成し、内閣総理大臣に提出するものとする。この場合において、国家戦略特別区域会議は、当該案に次項において準用する第八条第二項第二号から第六号までに掲げる事項を定めるに当たっては、当該求めに係る先端的区域データ活用事業活動を実施する区域の住民その他の利害関係者の意向を踏まえなければならない。

3　第七条第四項及び第五項並びに第八条第二項及び第六項の規定は、前項の案の作成について準用する。この場合において、同条第二項第二号中「実施主体」とあるのは「実施主体並びに新たな規制の特例措置（第二十八条の四第一項に規定する新たな規制の特例措置をいう。次号において同じ。）の適用を受けて実施する先端的区域データ活用事業活動の内容及び当該先端的区域データ活用事業活動を実施すると見込まれる主体」と、同項第三号中「の内容」とあるのは「及び先端的区域データ活用事業活動に適用される新たな規制の特例措置の内容」と、同項第四号中「特定事業」とあるのは「特定事業及び先端的区域データ活用事業活動」と読み替えるものとする。

4　第一項の規定による求めを受けた内閣総理大臣は、当該求めがその所管する法律又は政令等により規定された規制についての特例に関する措置を求めるものである場合において、当該求めを踏まえた新たな規制の特例措置を講ずることが必要かつ適当であると認めるときは、遅滞なく、その旨及び講ずることとする新たな規制の特例措置の内容を当該求めをした国家戦略特別区域会議に通知するとともに、講ずることとする新たな規制の特例措置の内容を公表するものとする。

5　第一項の規定による求めを受けた内閣総理大臣は、前項に規定する場合において、当該求めを踏まえた新たな規制の特例措置を講ずることが必要でないと認めるとき、又は適当でないと認めるときは、遅滞なく、その旨及びその理由を当該求めをした国家戦略特別区域会議に通知するものとする。

6　内閣総理大臣は、第一項の規定による求めに係る新たな規制の特例措置を講ずるか否かを判断するに当たっては、国家戦略特別区域諮問会議の意見を聴くものとする。

7　第一項の規定による求めを受けた内閣総理大臣は、当該求めが他の関係行政機関の長の所管する法律又は政令等により規定された規制についての特例に関する措置を求めるものである場合には、当該関係行政機関の長に対し、新たな規制の特例措置について検討を行うよう要請するとともに、その旨を当該求めをした国家戦略特別区域会議に通知するものとする。

8　前項の規定による要請を受けた関係行政機関の長は、当該要請を踏まえた新たな規制の特例措置を講ずることが必要かつ適当であると認めるときは、遅滞なく、その旨及び講ずることとする新たな規制の特例措置の内容を内閣総理大臣に通知するとともに、講ずることとする新たな規制の特例措

置の内容を公表するものとする。

9　第七項の規定による要請を受けた関係行政機関の長は、当該要請を踏まえた新たな規制の特例措置を講ずることが必要でないと認めるとき、又は適当でないと認めるときは、遅滞なく、その旨及びその理由を内閣総理大臣に通知するものとする。

10　前二項の規定による通知を受けた内閣総理大臣は、遅滞なく、その通知の内容を当該通知に係る第一項の規定による求めをした国家戦略特別区域会議に通知するものとする。

11　関係行政機関の長は、第七項の規定による要請に係る新たな規制の特例措置を講ずるか否かを判断するに当たっては、国家戦略特別区域諮問会議の意見を聴くものとする。第三十条第一号中「第二条第五項」を「第二条第六項」に改め、同条第九号中「第一号から前号まで」を「前各号」に改め、同号を同条第十号とし、同条中第八号を第九号とし、第七号を第八号とし、第六号の次に次の一号を加える。

七　新たな規制の特例措置の求めに関し、第二十八条の四第六項及び第十一項に規定する事項を処理すること。

第三十条に次の三項を加える。

2　会議は、前項第七号に掲げる事務に関し必要があると認めるときは、内閣総理大臣又は内閣総理大臣を通じて関係行政機関の長に勧告することができる。

3　会議は、前項の規定による勧告をしたときは、遅滞なく、その内容を公表しなければならない。

4　内閣総理大臣又は関係行政機関の長は、第二項の規定による勧告を受けて講じた措置について会議に通知しなければならない。この場合において、関係行政機関の長が行う通知は、内閣総理大臣を通じて行うものとする。

第三十七条の七第一項中「小型無人機」を「無人航空機」に改め、「対する」の下に「道路運送車両法、」を加え「、（昭和三十五年法律第百五号）」、「（昭和二十七年法律第二百三十一号）」及び「（昭和二十五年法律第百三十一号）」を削る。

第三十七条の七の次に次の一条を加える。

（情報システム相互の連携を確保するための基盤に係る規格の整備及び互換性の確保に関する援助）

第三十七条の八　国は、先端的技術利用事業活動の実施の促進を図るため、国家戦略特別区域において、先端的技術利用事業活動を実施する主体の情報システムと先端的技術利用事業活動の実施に活用されるデータを保有する主体の情報システムとの相互の連携を確保するための基盤を整備する者に対し、当該基盤に係る規格の整備及び互換性の確保に関する情報の提供、相談、助言その他の援助を行うものとする。

別表の十三の項の次に次のように加える。

十三の二	国家戦略特別区域革新的技術実証事業	第二十五条の二から第二十五条の六まで

附則

（施行期日）

第一条　この法律は、公布の日から起算して三月を超えない範囲内において政令で定める日から施行する。

（検討）

第二条　政府は、先端的技術利用事業活動（この法律による改正後の国家戦略特別区域法（以下「新法」という。）第二条第四項に規定する先端的技術利用事業活動をいう。以下この条において同じ。）の実施の促進を図ることの重要性に鑑み、データ連携基盤（新法第三十七条の八に規定する基盤をいう。以下この条において同じ。）の整備の状況及び先端的技術利用事業活動の実施状況を踏まえつつ、この法律の施行後三年以内を目途として、同一の種類の先端的技術利用事業活動が異なる二以上のデータ連携基盤からデータの提供を受けて実施される場合において当該先端的技術利用事業活動の円滑かつ効果的な実施を促進するために必要な施策について検討を加え、その結果に基づいて必要な措置を講ずるものとする。

（旅館業法の特例に係る経過措置）

第三条　新法第十三条第十三項（第五号に係る部分に限る。）の規定は、この法律の施行の際現に同条第四項第一号、第二号、第四号、第六号（営業に関し成年者と同一の行為能力を有しない未成年者でその法定代理人（法定代理人が法人である場合にあっては、その役員を含む。）が同項第一号から第四号までのいずれかに該当するものに係る部分に限る。以下この条において同じ。）又は第七号（法人であって、その業務を行う役員のうちに同項第一号から第四号までのいずれかに該当する者があるものに係る部分に限る。以下この条において同じ。）のいずれかに該当しているこの法律による改正前の国家戦略特別区域法（次条において「旧法」という。）第十三条第一項の認定を受けて同項に規定する国家戦略特別区域外国人滞在施設経営事業を行っている者が、引き続き同一の事実により新法第十三条第四項第一号、第二号、第四号、第六号又は第七号のいずれかに該当している場合については、この法律の施行の日から起算して三年を経過する日までの間は、適用しない。

（課税の特例に係る経過措置）

第四条　この法律の施行前に国家戦略特別区域法第十一条第一項に規定する認定区域計画に定められた旧法第二十七条の二に規定する特定事業（国家戦略特別区域法第二条第二項第二号に掲げるものに限る。）についての課税の特例については、なお従前の例による。

内閣総理大臣　安倍　晋三
総務大臣　高市　早苗
厚生労働大臣　加藤　勝信
国土交通大臣　赤羽　一嘉

著者

片山さつき（かたやま さつき）

1959年埼玉県生まれ。1982年東京大学法学部卒業後、大蔵省（現 財務省）入省。1984～1985年フランス国立行政学院（ENA）留学。入省後の23年間で、広島国税局海田税務署長、G7サミット政府代表団員 金融機関監督管理職、横浜税関総務部長、主計局主計官等、女性初のポストを歴任。

2005年、第44回衆議院議員総選挙にて静岡7区（浜松・湖西）で初当選、一期4年で経産政務官、党広報局長等を務める。

2010年に参議院比例区にて自民党トップ当選。副幹事長、総務政務官、予算委員会理事、環境部会長、外交防衛委員長、総務副会長等を歴任。2016年に参議院比例区で女性1位・自民党現職1位で再選。自民党政調会長代理（経済産業・環境・国土強靭化・オリパラ担当）を務める。

2018年10月～2019年9月まで第4次安倍改造内閣にて内閣府特命担当大臣として地方創生・規制改革・女性活躍推進担当として各種政策に取り組む。

現在は、自由民主党 総務会長代理を務める。

【著書】

『SPC法とは何か』（日経BP、1998年）、『日本経済を衰退から救う真実の議論』（かんき出版、2010年）、『正直者にやる気をなくさせる!? 福祉依存のインモラル』（オークラ出版、2012年）、『未病革命2030』（日経BP、2015年）ほか

社会課題を克服する未来のまちづくり

スーパーシティ

発行日　2020年8月1日　初版第1刷

著　者　片山さつき

発行者　東英弥

発行元　事業構想大学院大学出版部

〒107-8418　東京都港区南青山3-13-18

編集部　03-3478-8401

https://www.projectdesign.jp

発売元　学校法人先端教育機構

販売部　03-3478-8402

印刷・製本　株式会社暁印刷

装幀　鷗来堂

組版　エルグ

ISBN978-4-910255-04-0